「流域地図」の作り方

川から地球を考える

岸由二 Kishi Yuji

★――ちくまプリマー新書
205

目次 ＊ Contents

まえがき

何の本だろう。

ページを開いて、ハテナ、のあなたがいたかもしれない。地図が話題になっているが地理や地学の本ではない。自然環境の保全も話題だが生態学の本でもないようだ。水害や防災も大きな話題なのに防災学の本ではもちろんない。さらになにやら哲学のような話題まである。

それもそのはず。それらすべてに関係しつつ、中心テーマはそのどれでもない本なのだから、ハテナは当然といえば当然である。

著者の意図をいえば、本書は、現在、そして未来世代が、環境危機の地球をそれぞれの暮らしの足元で明るく見通しを持って生き抜いていくための環境革命の地図戦略の本。

地球という生命圏のリアルな姿をすっかり忘れた産業文明の私たちが、大地の凸凹《でこぼこ》と循環する水とにぎわう生きものたちでできている生命圏を再発見し、その危機に足元から付き合いなおし、温暖化や生物多様性危機で大変貌していく地球に再適応していくために必要な足元の大地の凸凹世界を再獲得するための入門書。

雨の降る生命圏の大地は、どこであれ流域という地形・生態系を単位としてできあがっている。流域という地図、地形、生態系にさまざまに親しみ、流域を枠組みとした環境対応を軸として未来をめざす「流域思考」がテーマなのである。

どこからでもいい。つまみ読みしてほしい。読んでおもしろいと感じ、おもわず全体も読み通してしまい、いつかある日、「あっ、これは環境革命の本だ!」と気がつく……。みなさんが、この本を通してそんな体験をしてくれたら、この本は、めでたく使命を果たせたといえるだろう。

第1章　「流域地図」をつくってみよう

「川」を軸に自分の居場所を把握する

あなたが普段使っている「地図」はどのような地図だろうか。

地名があり、鉄道の路線があり、道路があり、目印となりそうな建物名があり、番地があり、川があり、海があり、山がある。そうしたものが、ペタッとした平らな画面に記されている地図なのではないだろうか。

これは、県や市区町村といった行政区分で分けられた地図。

今回、この本では、それとはまったく異なる地図を取り上げる。

それが「流域地図」。

川、いや、川を軸にして広がる「流域」をベースに土地を区分けしていくのが、この「流域地図」である。

「『川』や『流域』をベースにした地図？　なんのこっちゃ？」と思うかもしれない。この地図がどういうもので、どういう意味があるのかについては、第2章、第3章で述べていく。この第1章では、「習うより、慣れろ」。あなたの身近な川で「流域」というものを体感してみるということをやっていくことにする。

さっそく具体的な方法の紹介だ。

身近な川をたどってみよう

まず、自分の家の近くを流れる川を確認する作業だ。

「道路地図」など、川がしっかり載っている地図を準備して、自分の家の周辺にどんな川が流れているのかを探してみよう。普段から川が見えるところに住んでいる人なら簡単に見つかることだろう。一方、近所で川を見かけることがないという人もいるだろう。そういう人は、地図を見ると、意外と近くに川が流れていたことに気がつきビックリするかもしれない。

そのようにして近所の川を見つけたら、今度はその源流と河口をたどってみる。川が流れはじめるところが源流。別の川に合流する地点や海に流れ出していくところが河口。

このとき、忘れてほしくないのが、川は高いところから低いところに流れるということ。地図を見るときも、土地が高い場所が源流で、低いところが河口になる。当たり前のことなのだが、地図を見慣れていない人だと、意外と忘れがちなので、要注意だ。

さて、源流と河口は確認できただろうか。するとたいがいの場合、川は、より大きな川に注いでいたりする。それは、あなたの家の近くの川が支流だったということ。

さらに、注いだ川を河口へとたどっていくと、さらに別の大きな川に流れ込む場合もある。そうなれば、あなたの近所の川は、支流のそのまた支流だったということ。

場合によってその注ぎ込んだ川も別の川の支流ということもある。そうなると、あなたの近所の川は支流の支流の支流。

……こんな具合に、たいていの川は、葉っぱの葉脈のように、最源流に直接つながる本流があり、そこにいろいろな支流が合流し、大きな流れになっていく。最初から最後までたった1本の流れという川のほうが珍しいのだ。そして、こうした本流と支流とを合わせて「水系」という。

自分の水系を探る

自分の家の近くの川がどこの川に注ぎ込むのかを見たら、その注ぎ込んだ川から、自分の家の近くの川がどこの「水系」に属するのかを確認してみよう。

たとえば、道路地図を川の流れに沿って貼り合わせていく方法がある（16、17ページイラスト参照）。

あるいは、インターネットのヤフー地図（http://maps.loco.yahoo.co.jp/）には、「水域図」というのがある。これを使うと、自分の家の近くの川が属する水系が一目瞭然で、水系探しにはかなり便利である。

また、4《よん》×3《さん》印刷（http://latlonglab.yahoo.co.jp/4×3/）というサービスを使うと、地図を自動的に複数の紙に分割印刷してくれる（最大でA4横に10枚、縦に5枚）。

さあ、どうだろう。水系レベルで近くの川の全体像を把握すると、さまざまな発見があるのではないだろうか。

たとえば、自分の家の近くの川はじつは支流の、またさらに支流だった……なんてことに気がつくかもしれない。

意外な場所を流れている川が、自分の家の近くの川と同じ水系だったことがわかるかもしれない。

水系を軸に自分のいる場所を意識してみると、そこには普段見慣れた行政区分による地図とはまた違う世界が広がっているのではないだろうか。

そして、この水系で自分の位置を確認するということこそが、この本で述べる「流域地図」の基本となるのだ。

川はどう流れていくのか

流域地図づくりを進める前に、いま一度、源流から河口へという「川」の流れの全体像を把握することにしよう。

どんな川にも、必ず源流部がある。地中から水が湧《わ》き出るところを源流とする川もあれば、山の斜面から滲《し》み出す水が集まって源流となる川もある。

源流から始まる川は、山間部を縫いながら流下し、平野へ出て、やがて海へと流れて

①地図を探す
インターネットで
地図帳で
②地図をまとめる
A4サイズ程度
コピーまたはプリントアウト
こんなにあるんだね
③地図を貼りあわせる
これはどこかな

④流域がわかる
ここが
川の
はじまりだね
ペンで
流域を
たどって
みよう！
広い
なあ
流域は
どこで
区切られて
いるのかな

いく。

その流れは、まっすぐ1本の筋になっているわけではない。左右にくねくねと蛇行《だこう》しながら、途中でほかの川と合わさり、あるいは、いくつかの流れに分かれたりしながら、河口へと向かっていく。

これは、先ほど、身近な川から水系をたどる作業で、よく理解できたのではないだろうか。参考までに、19ページに鶴見川《つるみがわ》の水系全体の流れを示しておく。

この流域は、私自身が、1991年に創設された「鶴見川流域ネットワーキング（TRネット）」をベースに、足かけ22年（2003年の刊行当時）、川や流域の保全活動に取り組んでいる場所である。

この地図を見ると、田中谷戸《たなかやと》（町田市）と呼ばれる鶴見川の最源流の谷から流れ出した水が、途中で大小のいくつもの支流と合流しながら、最後は1本になって東京湾に注いでいくのがわかる。

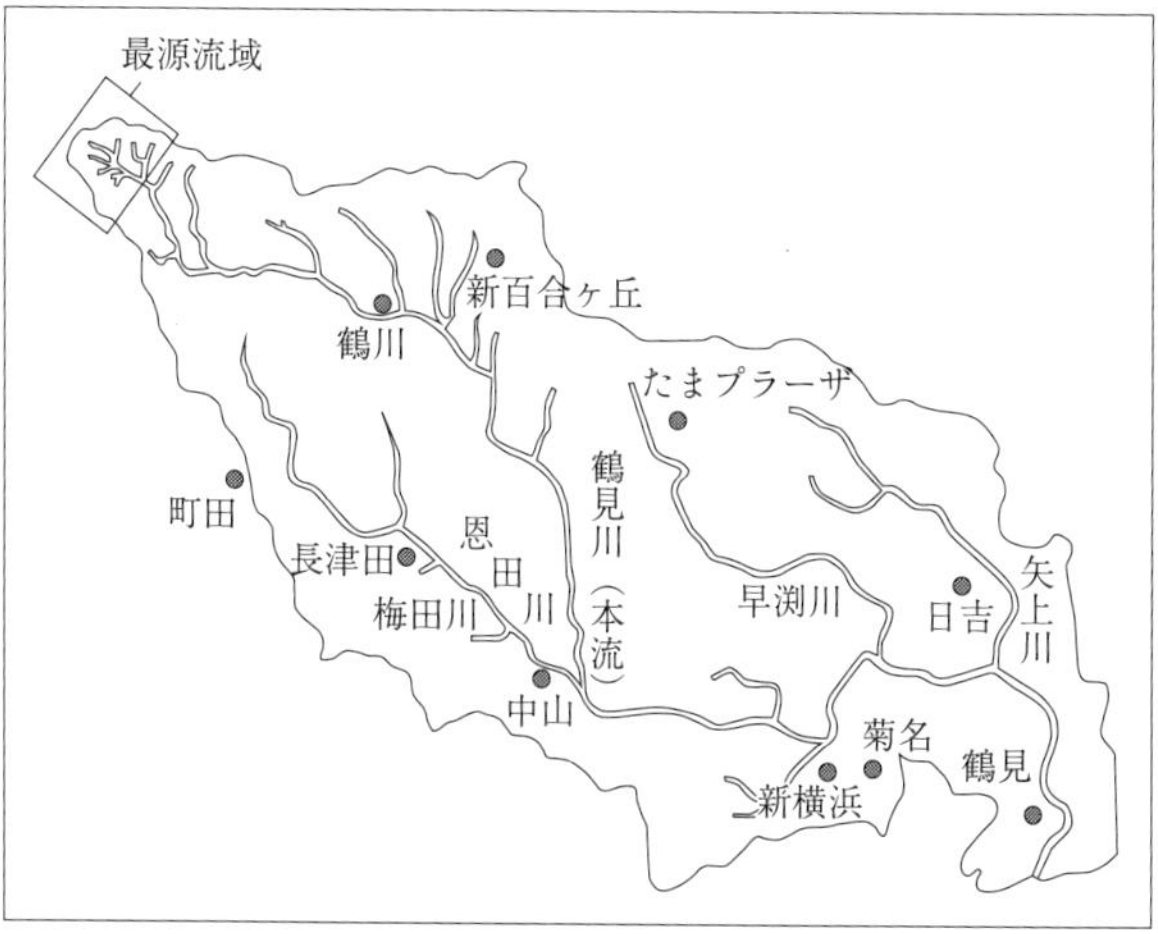
最源流域
新百合ヶ丘
鶴川
たまプラーザ
町田
鶴見川（本流）
恩田川
長津田
梅田川
早渕川
日吉
矢上川
中山
菊名
鶴見
新横浜

鶴見川の水系全体図

川はさまざまな地形をつくり出す

川は源流から河口へと流れていく中で、浸食・運搬・堆積《たいせき》の作用を介して、まわりにさまざまな地形を形成していく。流域を歩くと、川によってつくられた地形をいくつも目にすることができる。（22、23ページ参照）

たとえば、山間部でよく見られる「V字谷」。V字形に深くえぐられた谷だ。これも川の流れによってつくられた地形だ。

起伏の激しい山間部では、洪水ともなると、川の流れも非常に勢いがよくなる。そのため、河岸や川底の土砂が削られる「浸食」が起こり、それが繰り返されることで、V字形に深くえぐれた谷がつくられていくのだ。

一方、浸食によって削られた石や土砂は川の流れにのって流下していく。そして、山間部を抜け、平野部に出たあたりで川の流れがいくらか緩やかになるにともない、そこに「堆積」していく。こうして形成されるのが、山側を頂点に扇形をした「扇状地《せんじょうち》」だ。扇状地を出ると、「沖積低地《ちゅうせきていち》」と呼ばれる広大な低地が形成される。これは、河成低《かせいてい》地《ち》とも呼ばれる地形で、川と、さらに海の力によって形成された地形である。

７０００〜６０００年前、いまよりも海面が２〜７ｍ高かった「縄文海進」の後、さーっと海が引き、それにともない海面の高さが下がる「海退」が起きた。その際、引いていく海の力と相まって川は山から大量の土砂を運搬。それが後退してゆく河口部で堆積し、低地となったのだ。

ちなみに、沖積低地は、時期の差はあるものの、世界中で形成された。四大文明もまさにこの沖積低地の上に築かれた文明である。さらに、現在、政治、経済、文化の中心となっている数多くの都市も、この沖積低地の上にある。

このことが意味するのは、地球温暖化で海面上昇が進めば、そうした都市はまっさきに水没の危機にさらされるということだ。なにせ、これらの土地は、いまより水面が２〜７ｍ高かった時代には海だったのだから……。

沖積低地に広がる川の地形とは？

さて、沖積低地では、川はどのような地形をつくり出すのだろうか。

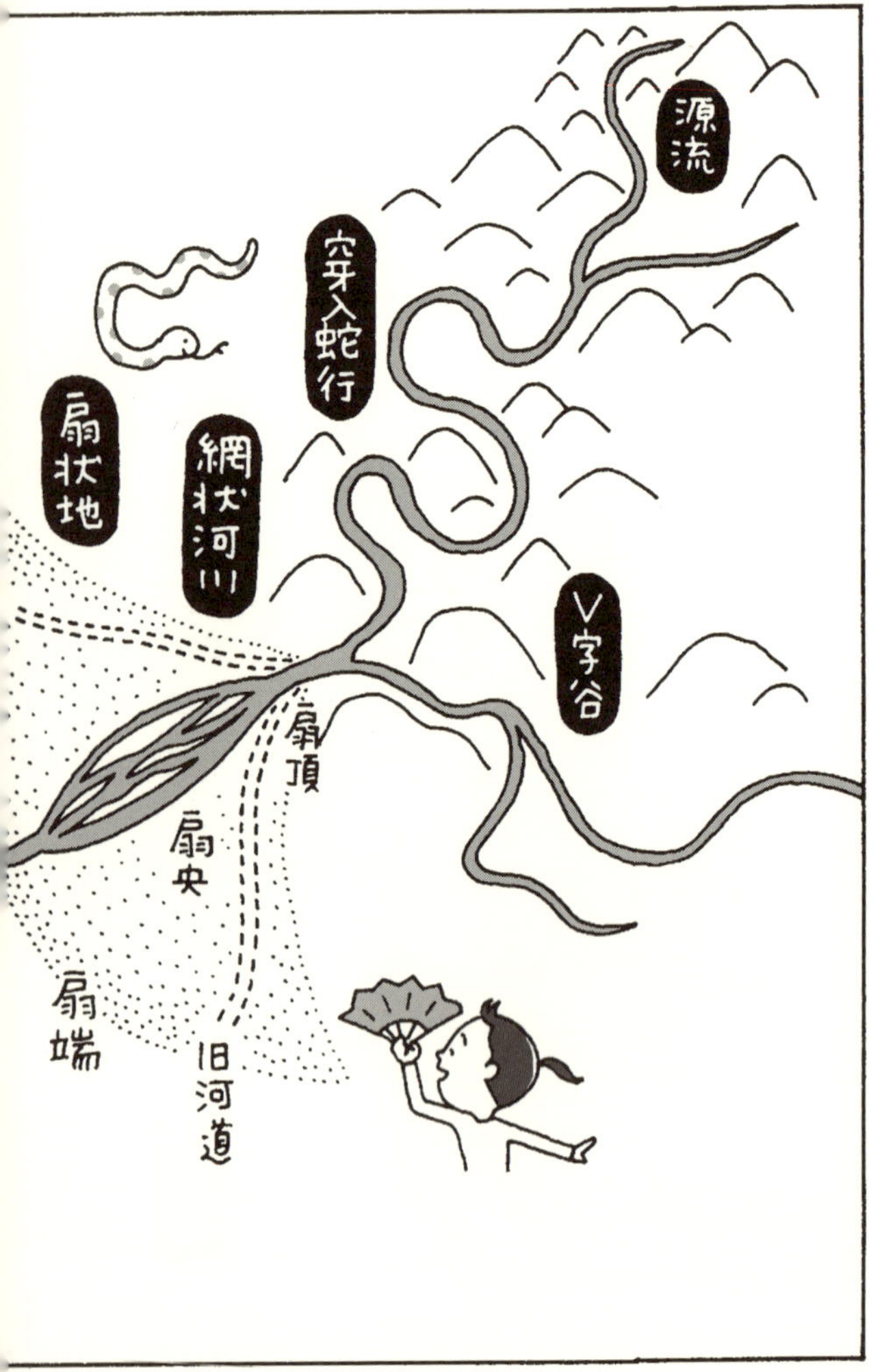
源流
穿入蛇行
扇状地
網状河川
V字谷
扇頂
扇央
扇端
旧河道

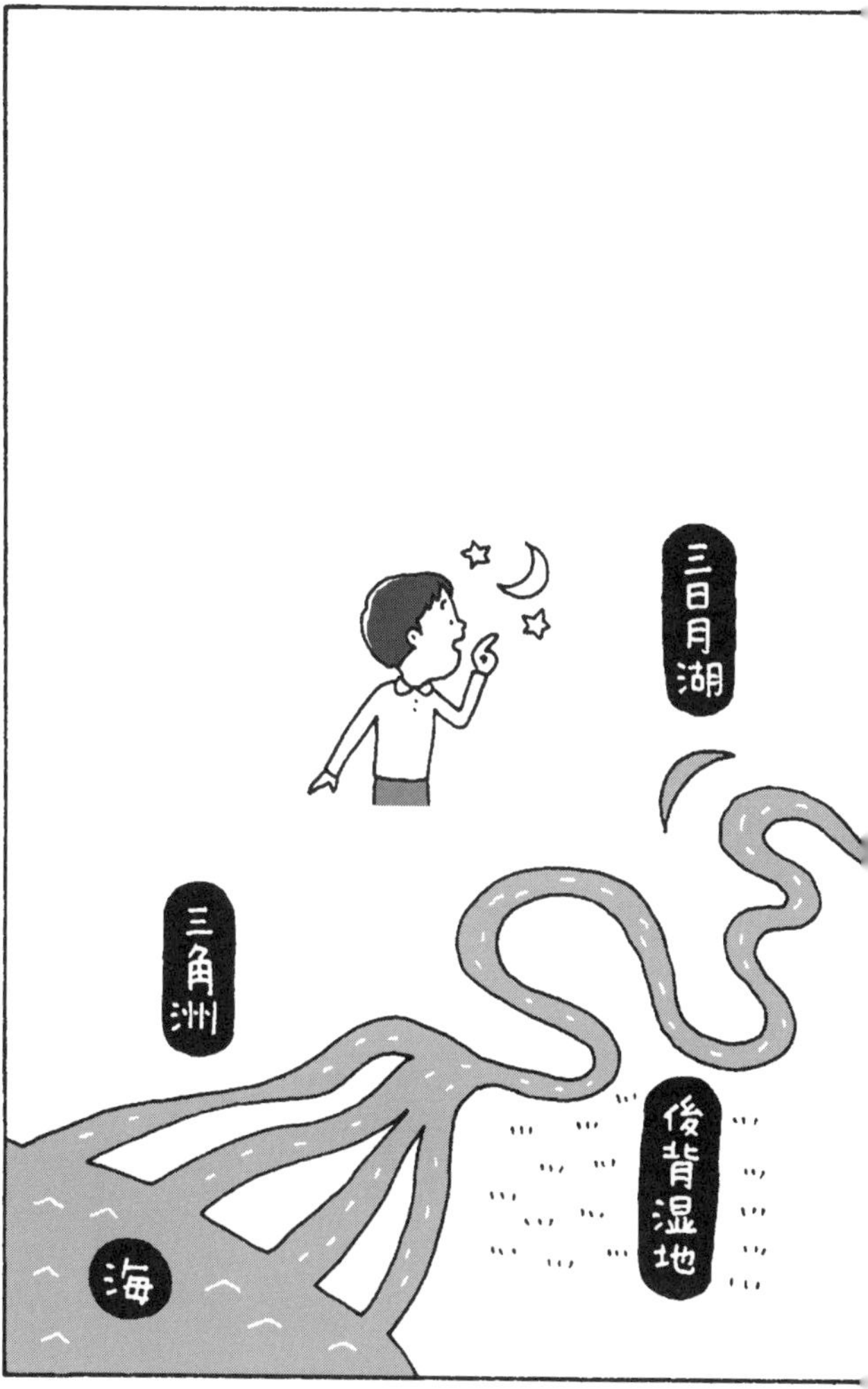

河川の基本要素

ひとつが「自然堤防」だ。これは、川のまわりに築かれた、まわりより高さのある土地である。

沖積低地では川は、蛇行しながらゆっくりと流れていくようになる。そして、ひとたび洪水ともなると、水があふれ土砂が堆積。それが繰り返されることで、「自然堤防」が形成されていくのだ。

一方で、川の縁に自然堤防があるため、洪水で周辺に水があふれた際、水が川に戻るのがせき止められてしまう。その結果、あふれた水は長い間、その土地に停滞することになり、そこに「後背湿地」を形成する。これも、沖積低地でよく見られる、川のつくり出した地形だ。

そのほか、「三日月湖」がある。三日月湖とは、川の蛇行が激しくなっている場所において、洪水時にくびれた部分にショートカットが起こり、湾曲したところに水が流れなくなって形成された湖や池のことである。

川の流れは下流口に近づくにつれて、さらに緩やかな流れになっていく。そこでつくられるのが、「三角洲《さんかくす》」という地形。

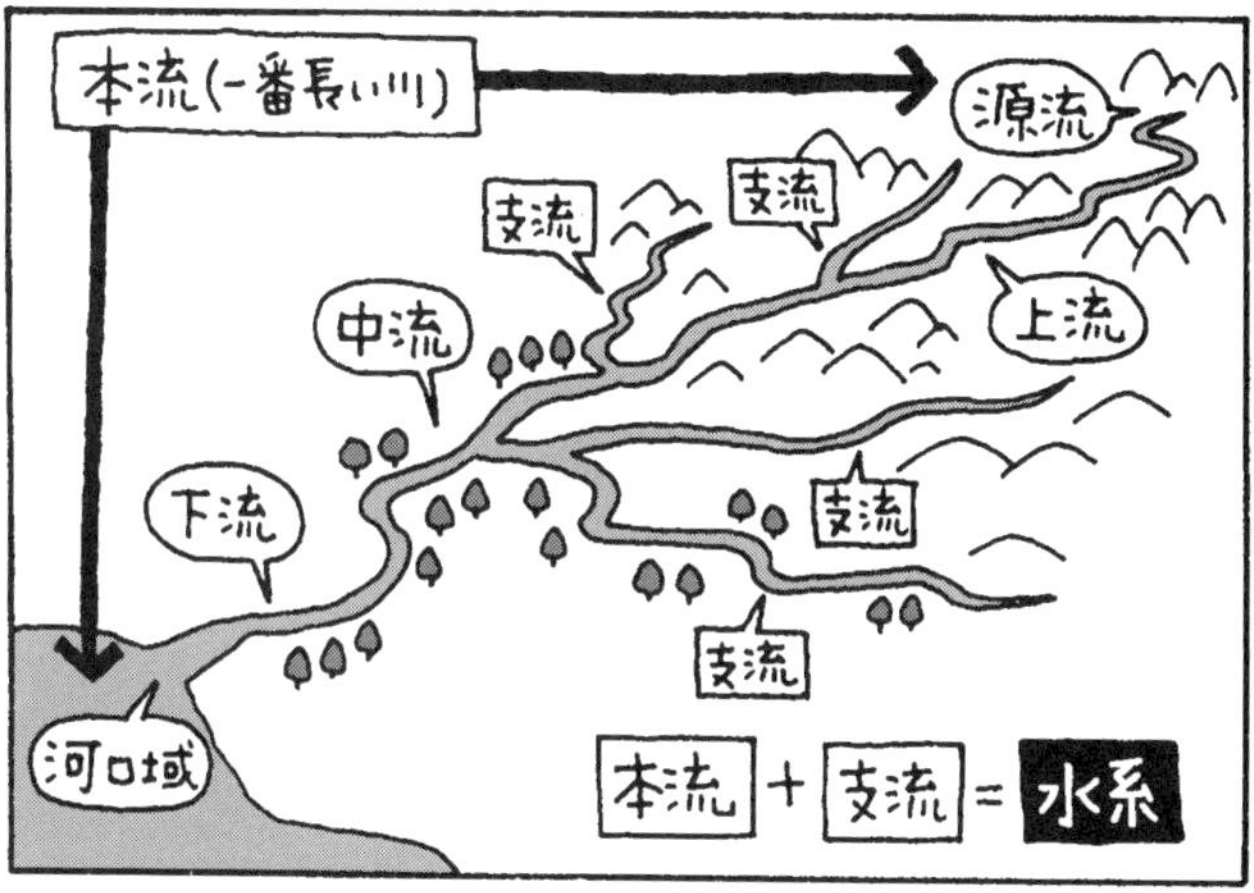

川はこうなっている。普段みんなが目にする川は本流＋支流で形成されているのだ。

これは、川が運んできた土砂が堆積してできたものだ。三角洲の発達する川の河口ではその土砂が海への流れを塞《ふさ》ぐため、洪水のたびに新しい流れができ、川は何本にも枝分かれして海に注ぐ。

＊

どんな川にも、必ず源流があり、河口がある。そして、川がつくり出したこうした地形が必ずある。ただし、現在は宅地化が進んで、そうした地形が目には見えづらくなっているケースも少なくない。

とはいえ、古くから住んでいる人に聞いたり、古地図をチェックしたり、地形図を読み取ったりすることで、そうした地形を発見できたりもする。

身近なところに、川のつくった地形がないか調べたり、実際に歩いたりして、確認していくのも面白いだろう。そうした土地の性格を知ることは、災害対策にも大いに役立つことになる。

流域の特徴は、「尾根があって、低地がある」

「川」の全体像がわかったところで、具体的な「流域地図」づくりに入っていこう。その前に、「流域」がどのようなものか知っておく必要がある。

流域とはなんぞや？

これを定義すれば、「水系を中心にして広がる雨の集まる大地の範囲のこと」。範囲をより明確に示すならば、流域とは、「雨水が水系に集まるくぼ地」。大地に降った雨水が、高いところから低いところへ大地を伝わって流れていき、川に集まる。こんな具合に、雨水が川に至るまでの大地の範囲を「流域」というわけだ。もちろん、そこには川そのものも入る。

ここまで明確になると、だいぶイメージがつかめたのではないだろうか。高い土地があり、それに囲まれるようにして土地がだんだん低くなっていき、もっとも低いところを川が流れている。

これがまさに、「流域」という地形の特徴である。尾根があり、低地があり、川がある。そしてこの尾根の部分が、「分水界」となり、降った雨の行方《ゆくえ》を左右に分ける。つまり、分水界によって流域は区分けされるのだ。

29ページの図でいえば、A川を軸に広がる「A川流域」と、B川を軸に広がる「B川流域」という具合だ。

地形図を使って「尾根」と「谷」を見つける

この地形的な特徴が、「流域地図」づくりのヒントになる。水系を軸として、そのまわりにある尾根を探せば、それが隣の流域との境目になるからだ。

そこで、尾根がわかる地図を用意する。高さのわかる「等高線」が載っている地図ならば、尾根を確認することができる。

先ほど、水系チェックの際に使った「道路地図」(2万5000分の1)にも等高線が載っているが、私がおすすめするのは、「地形図」だ。

地形図は大きな書店の地図売り場で購入できる。インターネットであれば、国土地理院のウェブページで、次に挙げるサービスを利用すると、地形図を見ることができる。

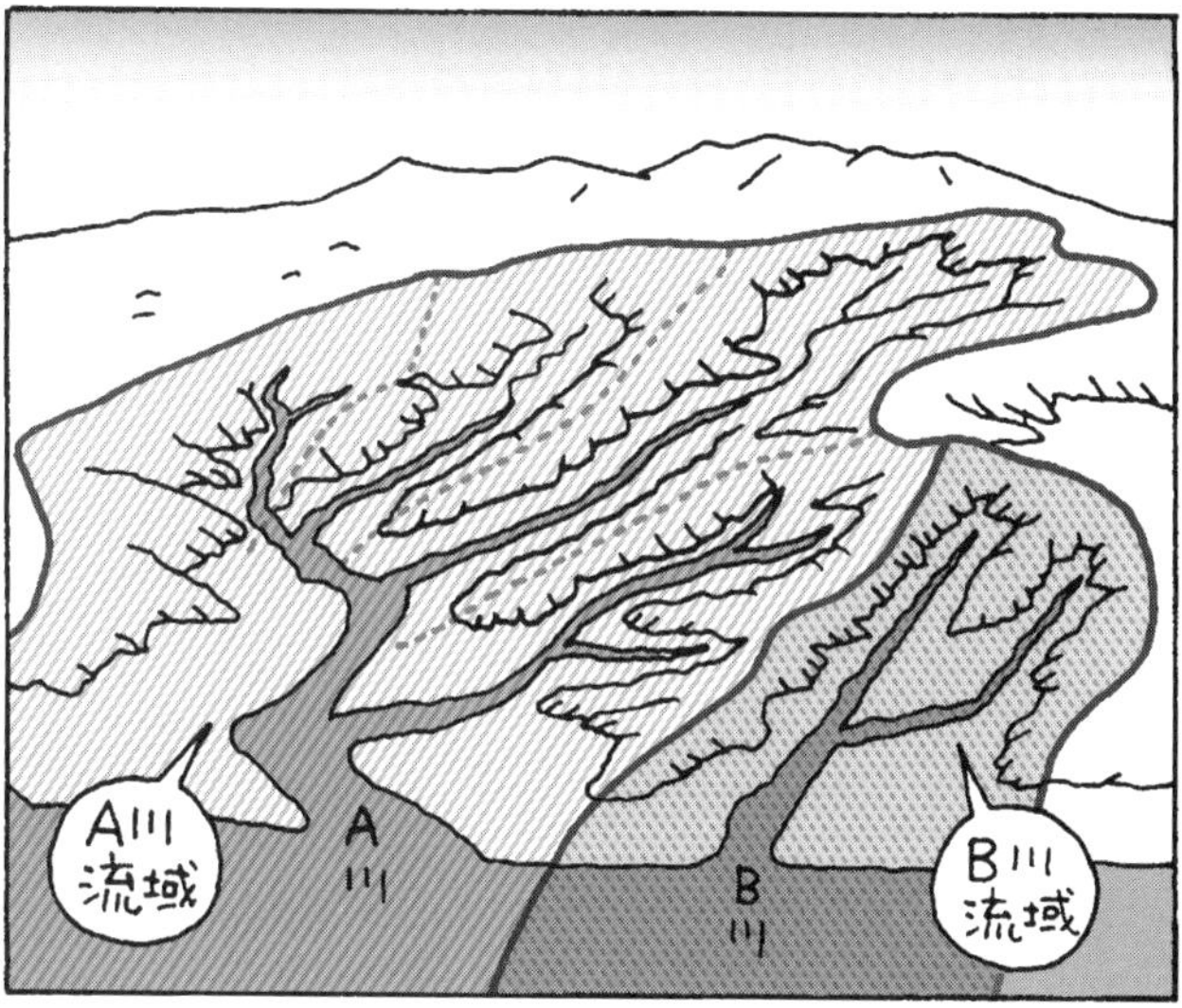

流域の構造

・「ウォッちず」http://watchizu.gsi.go.jp/
・「電子国土ポータル」http://portal.cyberjapan.jp/

地形図を手に入れたら、「尾根」と「谷」を探すこと。これは等高線の曲り具合で見つけることができる。

尾根の場合は、等高線が、高いところから低いほうに向かって膨らむようにして弧を描く。一方、「谷」の場合は、尾根と尾根に挟まれ、低いところから高いところに向かってV字形のとんがった形をしている（31ページ参照）。

尾根と谷の区別がついたら、地形図上で、尾根の線と谷の線とをそれぞれなぞってみよう。その尾根に囲まれた谷、さらには川を含む範囲が「流域」となる。

あなたの近くの川で、尾根と谷を確かめてみよう。その尾根で囲まれた範囲が「流域」である。こうした作業を水系でやってみたとき、137ページに示した鶴見川の流域地図のように、あなたが暮らす流域地図ができあがるだろう。

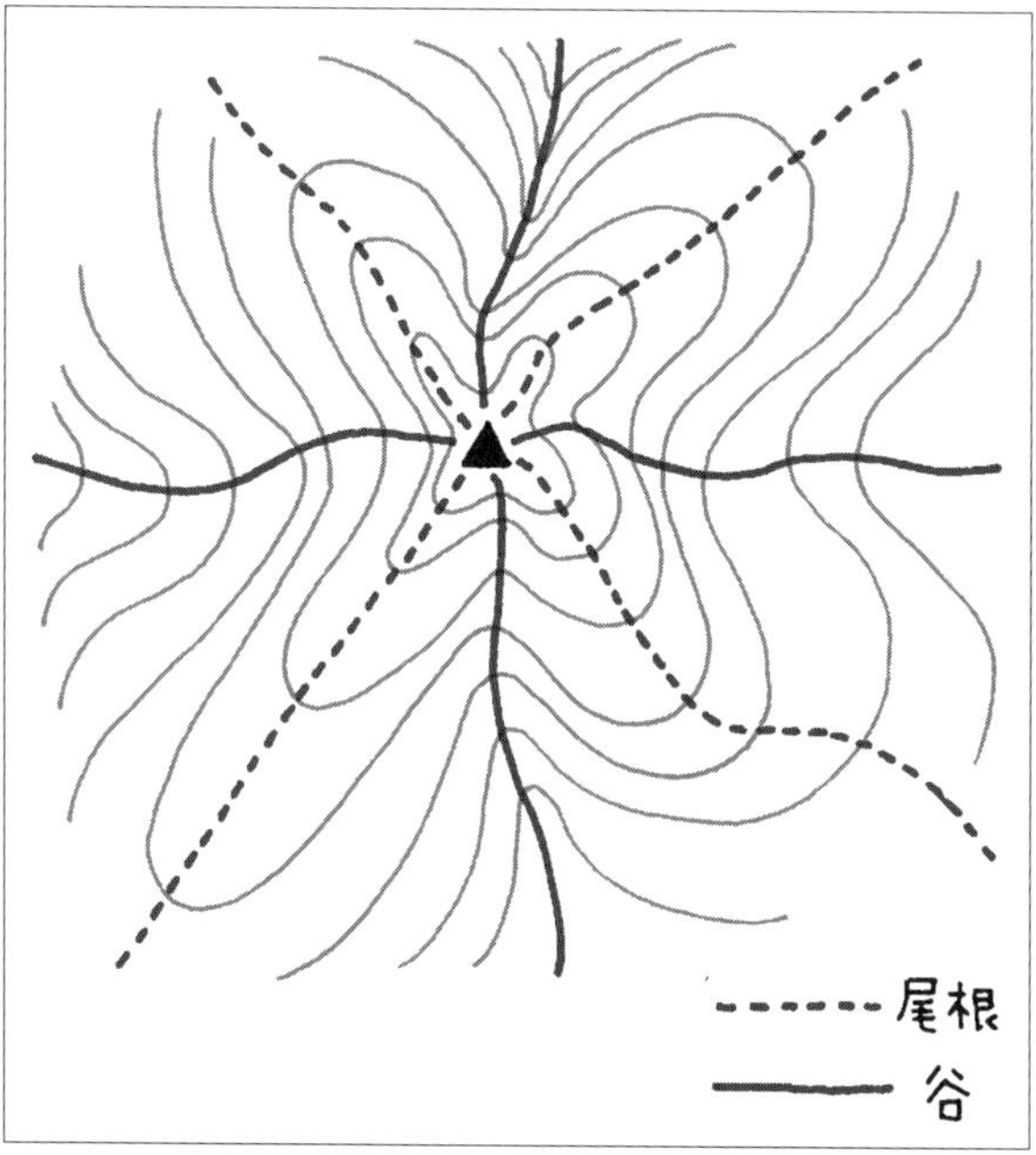

谷と尾根の見分け方

自分の足で「流域」を歩いてみる

ただし、地形図で尾根と谷を区別する作業は、山間部や丘陵地なら等高線にはっきり表れるので行いやすいが、低地の市街地になると等高線もまばらで、尾根と谷を区別することがなかなか難しい。

その場合、もし、近くの川がそれなりに大きさのある川であれば、インターネットで検索すると、流域図が見つけられることもある（検索ワードは、その川の名前と、「流域」、あるいは「水系」）。こうしたもので確認してみてもいいだろう。

ただ、もっともおすすめしたいのが、やはり自分の足で歩くこと。地形図で流域地図が把握できた場合でも、仕上げはやはり、外に出て、川のそばを歩くことだ。歩きながら、高くなったり低くなったりの大地のデコボコを自分の目で見て、足で体感してほしい。

さらに、小さな川であれば、源流や河口へと川をたどってみよう。

そのときは、自然観察も忘れずに。源流から河口へという流れの中で、川幅だったりその流れだったりが変わっていくと同時に、まわりに広がる自然や風景も徐々に変化していく。そうした変化をじっくり観察することは、川への理解をさらに深めてくれるはずだ。

こうした川歩きを通じて、川のまわりに広がる地形を自分の体で感じていこう。すると、自分の中に、自然に身のまわりの流域地図がつくられていくことだろう。

身近な流域を探してみよう

さて、川の流域を体感したら、今度は、「川」にもこだわらず、自分の身近に存在するいろいろな「流域」を見つけてみよう。

先ほど「流域」を、「雨水が水系に集まるくぼ地」と定義したが、「水系」は別に「川」に限定されなくてもいい。するとなんと、至るところに「流域」を見つけることができるのだ。

それを見つける絶好のチャンスは、もちろん雨が降っている日。

雨が流れる道筋を追ってみよう。まっすぐ平らだと思っていた地面でも、降った雨は左右に分かれて流れる場所がある。分水界だ。それが「尾根」となり、雨水は低い場所

（低地）へと集まり、またそこからどこかへ流れていく。これが「川」である。

尾根があり、低地があり、川がある。ここにひとつの小さな流域ができているわけだ。さらに、その「川」は、じつはあなたの家の近くの川とつながっているのかもしれない。

私は慶應義塾大学で教えていたころ、日吉《ひよし》の校舎で、雨の日になると学生たちをつれてよく「分水界探検隊」なるものを行っていた。雨の流れを追いかけるうちに学生たちは、平らな広場に雨の流れが左右に分かれる分水界があることに気がつく。

じつはその分水界の上には、学生ラウンジや生協の施設などが建っている。古代の住居跡もしばしば分水界の上に並んでいる。これは当たり前といえば当たり前。なにせ、分水界はまわりより高くなっているので、雨が降ったときにいちばん乾きが早いところ。建物を建てるのには好都合なわけだ。

流域は自分でもつくれる？

流域は自分でつくることもできる。

たとえば、庭や公園で、土をポンと蹴飛《けと》ばして「山」をつくる。これが分水界（尾

流域の作り方

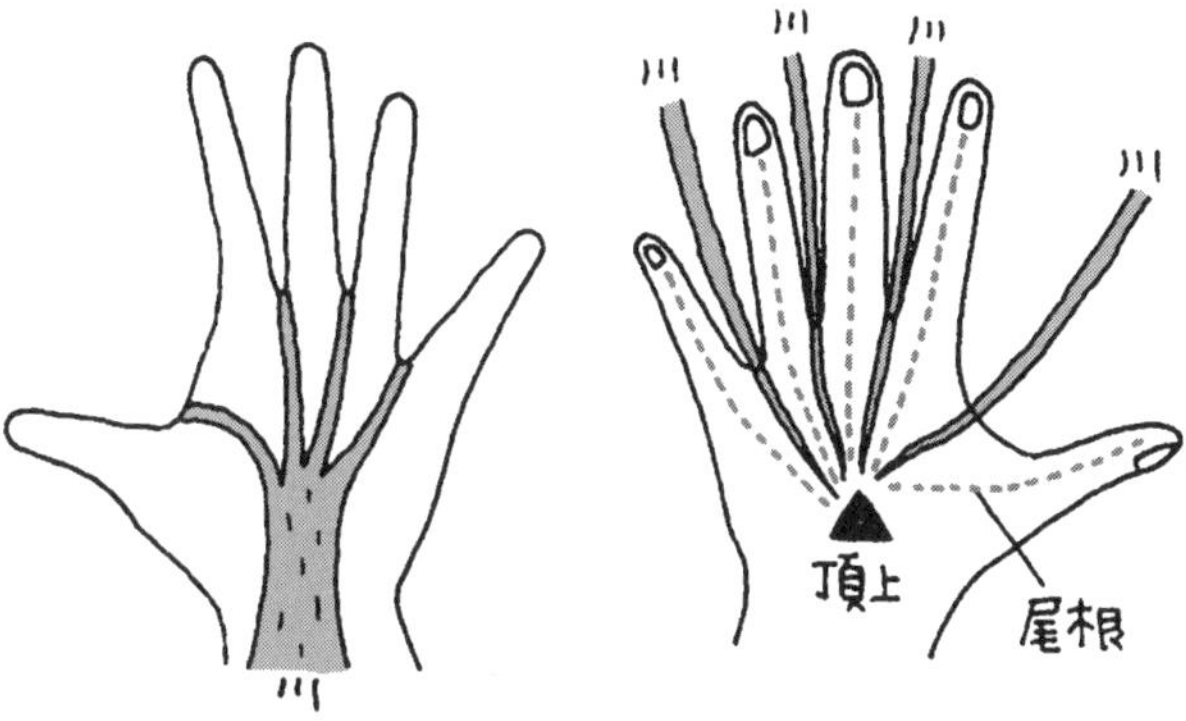

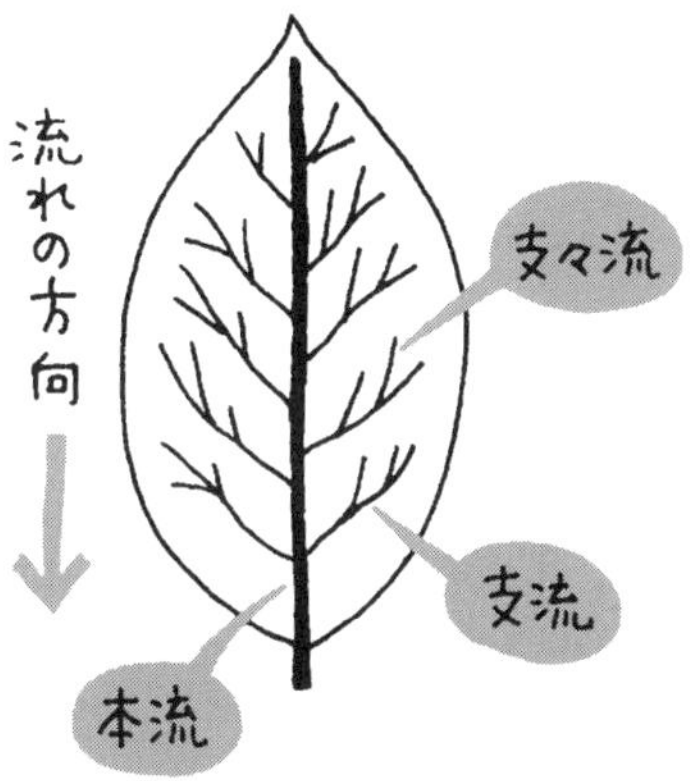

上は手の流域。右側のイラストのように手の甲を上にすれば尾根と川の関係がよくわかるだろう。左側のイラストは手のひらをすぼめて流域をつくったもの。
下は葉っぱ流域。身近なもので流域を感じてみよう。

根）になって、低いほうに水が流れていくわけだ。

定義を思いきり拡大すれば、手でも流域はつくれる。まず、手の甲はそのままで流域になっている。また、ひっくり返して手のひらをすぼめれば、そこに尾根と谷ができる。そこに水を流せば、小さな「手のひら流域」のできあがり。

結局、大河川に雨水を注ぐ広大な流域であっても、最初はそんな小さな流域だ。そこに、葉っぱの葉脈のようにたくさんの支流が集まってきて、大きな流れとなる。そして、どんなに川の規模が大きくなろうと、尾根があり、谷があり、低地があって、川が流れるという流域の基本的な地形は変わらない。流域は、そんな普遍性のある面白い構造を持っているのだ。

さて、みなさんもだいぶ「流域」というものが体感できたのではないだろうか。

第2章では、こうした「流域」の軸となる「川」について、もっと深く探ってみることにする。

第2章　流域とは？

人は川の恵みによって生かされてきた

この本のテーマは「流域地図」である。それは「流域」をひとつの単位とした地図をつくろうという試みだ。

第1章で述べたように、「流域」とは、「水系に雨水が集まる大地の範囲のこと」。つまり、「流域地図」とは、川を軸にした地図。第1章で、自分の住む水系を調べたり、近くの川で源流や河口をたどる川歩きをしたりしてみようと提案をした。これは、川を軸にした「流域地図」を意識してもらう準備である。

普段の生活で、近くを流れる川を意識的に見ることはそれほどないのではないだろうか。そこで、しっかり身近な川と向き合い、自分がその「流域」の住人なのだと意識してみるというわけだ。

第2章では、その「川」というものに、もっと注目してみる。「川」とはそもそもどういうものかを一緒に見ていきたい。まず、川と人間の関係についてだ。

*

川は昔から私たちの暮らしと深くつながっていた。

古来より、人間は川からたくさんの恵みを受けとっている。その一方で、水害などでときどき人間に牙をむく川に対して、「治水」ということも行ってきた。その両輪を巧みに使いこなすことで、人間は川とうまく共生し、生活を発展させてきたのだ。

たとえば、川の恵みは、人間にとって、命をつなぐためになくてはならないものである。

太古の採集狩猟時代から、魚や虫などの川にすむ生きものを、人間は食料として食させてもらってきた。

また、そこに流れる水も、人間はさまざまな形で利用してきた。採集狩猟の時代は、飲んだり、体を洗ったり……といった生活用水として、主に使われたのだろう。その後、農業がはじまると、農業用水としても活用され、さらに産業革命を経て産業文明の時代に入ると、工業用水として用途は広がっていく。

川は人間が生きていくための、豊かな実りも支えた。

川には浸食・運搬・堆積《たいせき》の作用がある。浸食作用によって川底や河岸は削られ、それは洪水時などに、運搬作用を介し、大量の土砂となって山から平地へと運ばれ、堆積する。それが川のほとりに広がる肥沃《ひよく》な大地となり、農耕において豊かな恵みをもたらしてくれるのだ。

世界の四大文明はいずれも、ナイル川、チグリス・ユーフラテス川、インダス川、黄河という大河のほとりで発祥し、発達している。それは、こうした肥沃な土地の恩恵に他ならない。もっといえば、その大地を生み出した川によって育まれた文明なのである。

エネルギー源、流通の要としての川

川は、エネルギーを生み出す源としても使われてきた。

古くは「水車」だ。世界のさまざまな場所で、「水車」がつくられ、製粉や精米、製糸、揚水などに活用された。

蒸気機関や電気が普及するにつれて水車は廃《すた》れていったが、今度は「水力発電」という形で、川の水は「電気」を生み出すエネルギー源として活用されるようになる。東日本大震災での福島第一原子力発電所の事故後は、自然再生エネルギーのひとつとして、ダムなどをつくらずにできる小水力発電への期待も高まっている。

川は、山と平地、さらには海、湖沼とをつなぐ道でもある。そのため、川は輸送ルートとしても、歴史的に大きな役割を果たしてきた。日本でも、明治時代、鉄道や道路が日本全国津々《つつ》浦々《うらうら》に整備される以前は、船が交通手段の主流であった。人々は、川を使って移動し、モノを各地に運んでいった。

地球環境の危機で、治水がますます重要になる

一方で、前述したように、川はつねに人間にとってやさしい存在というわけではない。洪水時にでもなれば、荒れ狂い、ほとりに住む人々の暮らしに甚大な被害をもたらして

きた。家を流し、農地を破壊し、ときには人の命までも奪い……。

そのため、古くから、川のほとりに住む人々は、洪水時の川の氾濫《はんらん》に備えて、さまざまな知恵を絞ってきた。

たとえば、石垣を高く築いた上に建てられた「水屋《みずや》」という避難小屋だ。そこには食料や生活品が備蓄され、いざ洪水で家が浸水した際には避難場所として利用された。また、水屋には、洪水時の移動用に舟も備えられていた。

為政者による「治水事業」も古くから行われてきた。たとえば、武田《たけだ》信玄《しんげん》による「信玄堤」の建設は、多くの人の知るところだろう。

こうした治水事業は、21世紀の今も、各地でさかんに行われている。さらに、地球温暖化が進行する現在、日本を含めて世界各地で大豪雨が頻発している。温暖化による海面上昇の危機を予測する研究者も少なくない。そうした地球環境の危機が現実味を帯びてくる中、治水事業は今後ますます重要になっていくだろう。

川は自然のにぎわいを育む

次に、川と人間以外の生きもののつながりについて見てみよう。

まず川の中をのぞいてみると、魚類や水生昆虫などの動物や、付着藻類など、さまざまな生きものが存在する。これらの生きものは、源流から中流、下流、河口へという流れの中で、自分たちの生息、生育、繁殖に適した環境を選び、すみ場所（ビオトープ）としている。

さらに、川の周辺にはさまざまな自然が広がっている。その環境は、川の流れに合わせて変化していく。源流に森があり、中流には大小さまざまな川辺の低地、下流には湿原が広がり、河口には干潟《ひがた》があるというのが、川周辺の自然環境の基本形だ。

そこには当然のことながら、たくさんの生きものが生息・生育・繁殖している。鳥類、両生類、爬虫類《はちゅうるい》、哺乳類《ほにゅうるい》、陸上の昆虫類といった動物や、多種多様な草や木といった植物など……。川の中と同じく、川周辺で生きる生きものたちも、自分たちの生息、生育、繁殖、生存の条件に合ったすみ場所を選び、暮らしている。

そうしたすみ場所を多様に持つ流域であればあるほど、そこに暮らす生きものたちも多様性を増す。多様な自然が残っているということは、それだけ多様な生きもののにぎわう場となるのである。

自然の小さな変化が、生態系に大きく影響する

こうした生きものたちは、互いに密接につながり、生態系というまとまりをつくっている。

そうした密接なつながりのひとつに、「食べたり、食べられたり」の食物連鎖《しょくもつれんさ》がある。たとえば、川底の石などに付着している珪藻《けいそう》、藍藻《らんそう》、緑藻《りょくそう》といった藻類（付着藻類）は、水生昆虫や魚のエサとなる。藻類を食べる水生昆虫や魚は、より大きい魚のエサとなる。その魚は（そして、水生昆虫も）、鳥や哺乳類のエサとなる。さらに、魚や鳥の中でも、大きいもの（強いもの）が小さいものを捕食するということが起きる。

食物連鎖以外の関係も見てみよう。

たとえば、上流部で川のほとりに繁茂する水辺林（渓畔林《けいはんりん》）は、そこに生息する魚の

命をつなぎ、育むためには非常に重要だ。

水辺林から落下する昆虫や落ち葉などはエサとなるし、倒流木は敵から身を隠す格好の隠れ家《かくが》になる。また、水辺林が太陽光線をさえぎるため、水温が低く、ヤマメやアユ、イワナといった冷水を好む魚類にとってはすみやすい環境となっている。

生きものたちは、その生態系において、このように互いに何らかのつながりを持って暮らしている。それゆえ、ちょっとした変化は、そこに暮らす生きもの、さらには、生態系全体にも影響を与える。

たとえば、先ほど、川底の石などには、藻類が付着していると述べた。光合成を行う藻類にとって、太陽の光があたることは不可欠だ。ところが森に人の手が入らず、荒れ放題になると、川に光が入りにくくなり、藻類も育ちにくくなる。となると、それをエサとする魚や水生昆虫や、さらにそれらをエサとする魚などにも影響が及ぶことになる。

私が保全活動をしている三浦半島・小網代《こあじろ》でも、そこを流れる浦の川《うらかわ》では、保全が決まるまでの数十年間にわたって実際に森が荒れ放題になり、川が暗くなり、藻類が育ちにくい状態となっていた。結果、それをエサとするカワニナ（巻貝の一種）が育たず、

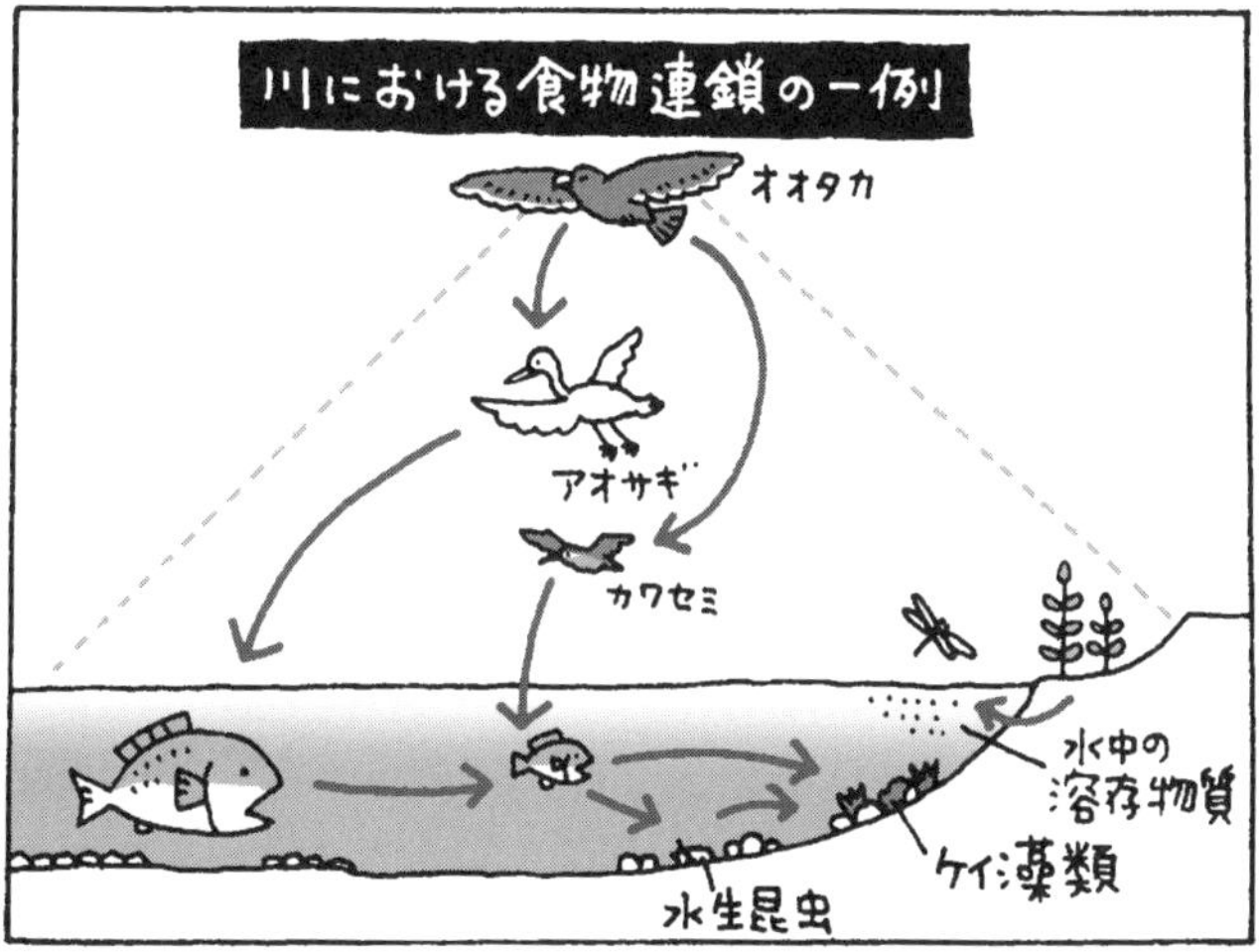

藻類は水生昆虫や小魚のエサとなり、小魚は大きな魚のエサとなる。魚は鳥のエサとなり、鳥はより大型の鳥（オオタカなど）に捕食される。

さらに、カワニナをエサとするゲンジボタルの幼虫も減少。ハゼ類やアユも海からのぼってこなくなっていた。

しかし、私たちは、保全の確定を機に、藻類を増やすために川辺のヤブを切り拓き川に光を入れる作業を開始。3年目にして見事にカワニナが激増し、それにともない、ホタルの幼虫も急増中だ。すでに数百匹が飛ぶ状態となっており、あと数年もすれば、文字通りホタルの乱舞する森になるだろう。

そのほか、生態系への影響としては、最近、問題になっているのが、外来種の存在だ。人間によってたまたま、あるいは人為的に持ち込まれた外来の生物や植物が、川の生態系にさまざまな悪影響を及ぼすということが、至るところで起こっているのだ。

たとえば、魚類では、ブラックバスやブルーギルがよく知られているだろう。強い繁殖力で、在来の魚類や水生昆虫にとっては脅威となっている。

植物では、ハリエンジュやアレチウリなどが繁茂し、在来種が激減しているケースがいくつもある。

ちょっとした自然の変化で、そこにある生態系はよくもなるし、悪くもなる。近年は、悪くなることのほうが多いかもしれない。その結果として、何らかの種の減少が目に見える形で明らかになったときにはじめて、私たち人間は、動物や植物をつなぐ生態系の存在を実感する。

川は「地球の水循環」の一部である

さて、ここからは、この本の本題である「流域地図」に集中してゆく。

「流域」とは、第1章で述べたように「水系に雨水の集まる大地の範囲」である。つまり、大地に降った雨水が重力に従って地表を移動し、水系に集まる領域を「流域」という。

こうした水の流れは、地球規模での水循環の一要素である。ここで、流域地図を理解する上で欠かせない「水循環」について見てみよう。

地球は「水の惑星」と呼ばれるように、その3分の2は、海や川、湖沼、氷雪、地下水などの水に覆われている。そして、その水は、ずっとその場所にとどまっているのではなく、空や大地を含めた地球全体を循環しているのだ。

そうした水循環の流れの出発点を海とするならば（「循環」なので、実際には「出発点」は存在しないのだが……）、海の水は太陽の熱によって蒸発し、上空へと上昇していく。上昇するに従い、冷却され、雲となる。その雲の一部が、雨や雪となって海や川、湖などにそのまま降り注いだり、あるいは、地表に降り注いで海や川、湖に流れ込んだり、地下に浸透したりする。

＊

なお、流域とは、水系に雨水が集まる大地の範囲となるが、雨水（あるいは雪解け水）が水系に流れ込むルートには、地表に直接降り注ぐもののほかに、分水界をこえて他の流域から地下水として移動してくる場合もあるし、深い地下から噴き上がる水もある。もちろん、下水道など各種の人為的なシステムを介して川に流れ込む場合もある。

しかし、本書での「流域」の定義では、地表に降り注いで川に流れ込む雨水だけに限定する。そうでないと、流域の範囲は広がりすぎてしまい、わかりにくいものになってしまうからだ。

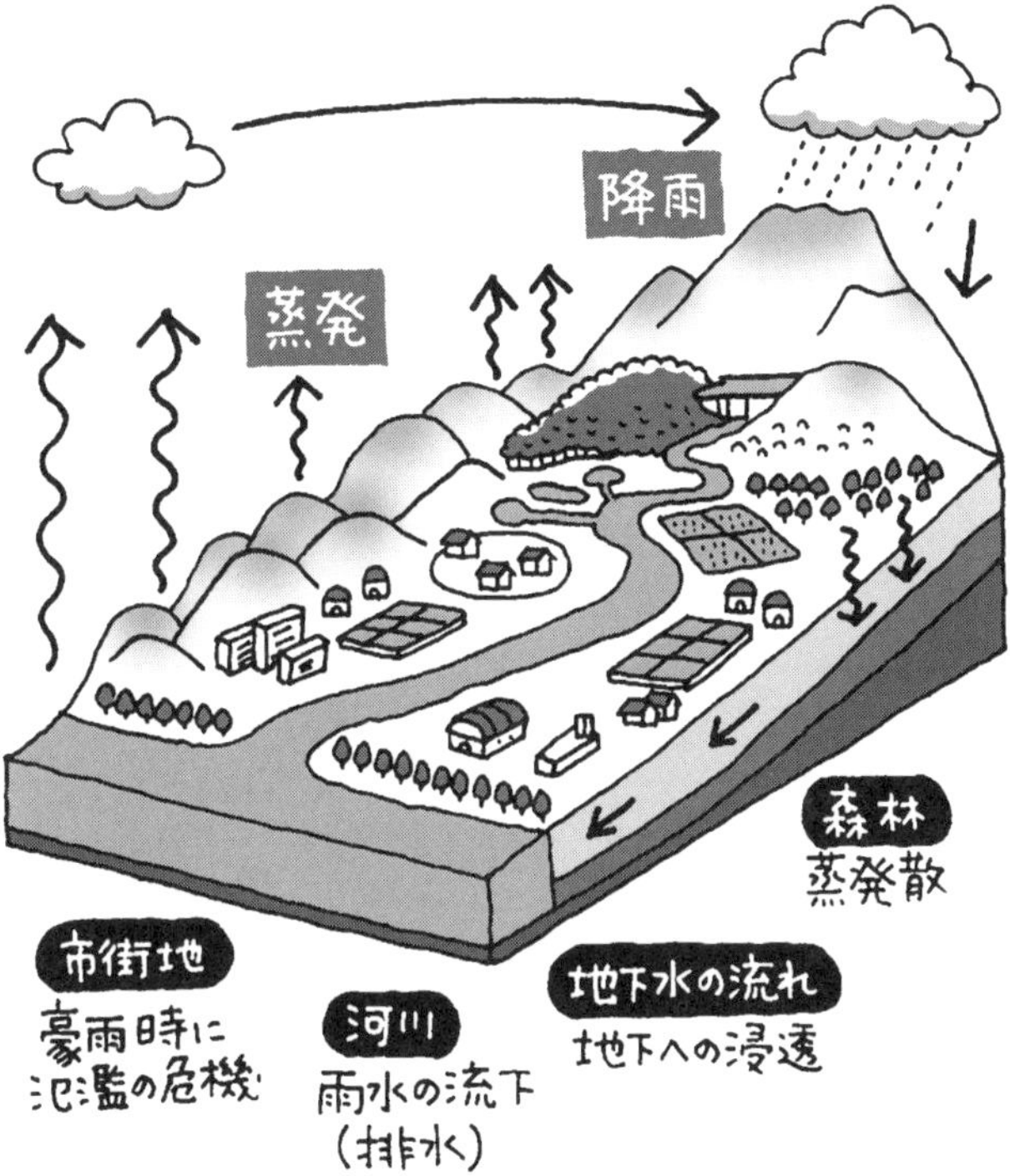

水循環の流れ

たとえば、地下水でいえば、静岡県柿田川《かきたがわ》の水源となる湧水は、柿田川の表面水による流域からかなり離れた富士山周辺に発すものだといわれている。しかし、そこまで流域に含めてしまうと、別の流域と重なり合う場所が出てきてしまって、流域の境がつかなくなってしまう。

なので、入門の段階では「流域」に流れ込む雨水は、「地表に降り注いで川に流れ込む」ものと限定する。

日本を流域で区分けしてみると……

さて、流域において雨水は、尾根を分水界にして、左右に分かれると第1章で述べた。つまり、流域は、分水界を境にして区分される。そのため、雨が降る大地であれば、分水界を境にどこでも、この流域という単位で分割することができる。

そして、流域同士は重なることなく、一つひとつがジグソーパズルのピースのごとく隣接する。それをつなげていくと、やがて日本列島という形になる。普段使っている行政区分地図での、「都道府県」という単位での区分けでなく、「流域」という単位で区分けしても、見事に日本地図をつくることができるのである。

それが、52、53ページの地図である。

これは、日本の一級水系の流域を区分けした「流域地図」である。

流域を単位として、日本列島のほとんどの部分が区分けされているのがわかるだろう。地図中、流域として区分されていない個所（白い部分）があるが、それは、この流域地図が、国土交通省の管理する一級水系の流域のみを扱っているためだ。一級水系以外の二級水系（都道府県が管理）や単独水系を含めると、こうした部分も流域に区分けすることができる。

この「流域地図」は、これまで見慣れた行政区分地図とはずいぶんと異なった区分けだと感じるだろう。自分の住む地域を「流域」という単位で見ると、意外な地域とつながっていたりする。

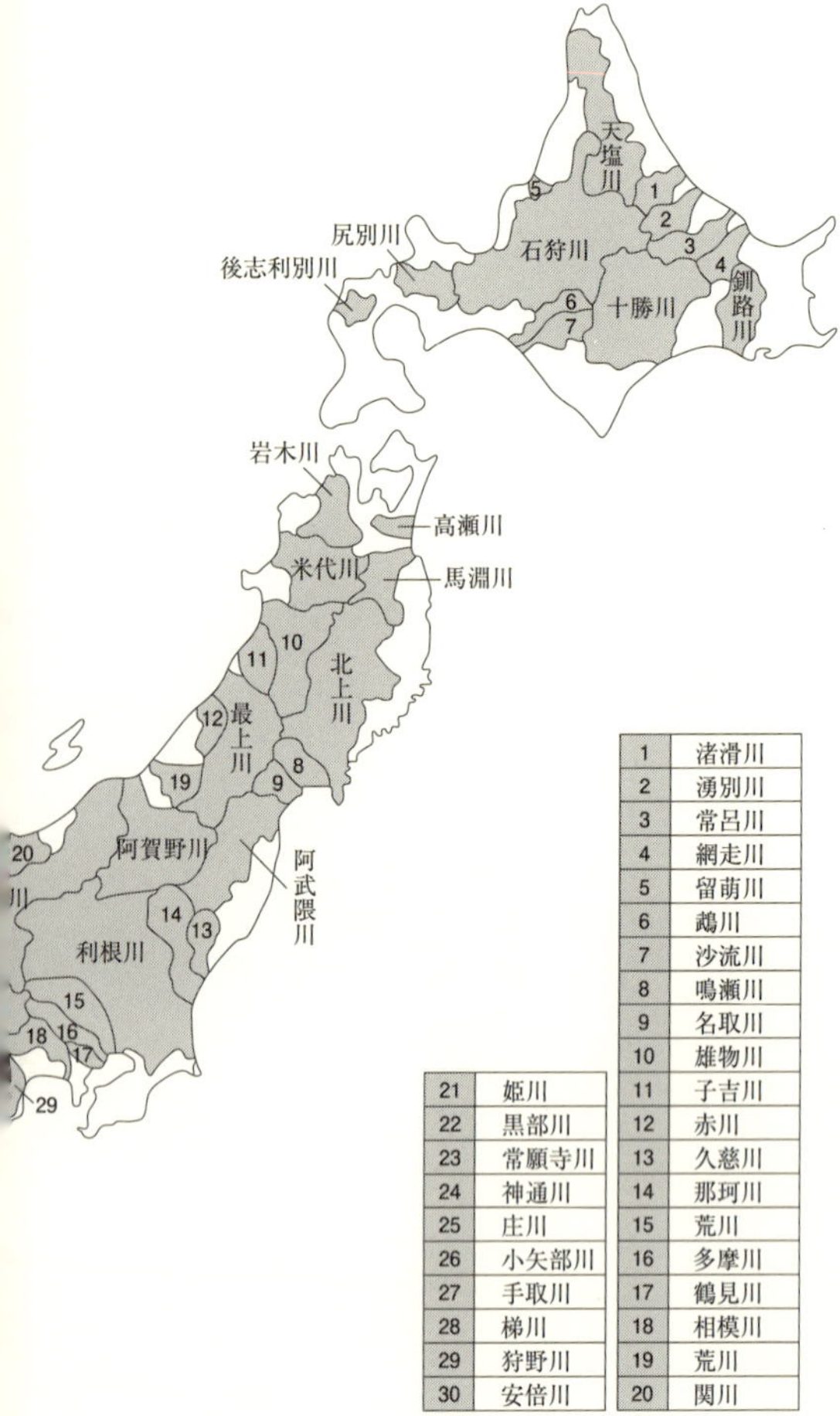

1	渚滑川
2	湧別川
3	常呂川
4	網走川
5	留萌川
6	鵡川
7	沙流川
8	鳴瀬川
9	名取川
10	雄物川
11	子吉川
12	赤川
13	久慈川
14	那珂川
15	荒川
16	多摩川
17	鶴見川
18	相模川
19	荒川
20	関川

21	姫川
22	黒部川
23	常願寺川
24	神通川
25	庄川
26	小矢部川
27	手取川
28	梯川
29	狩野川
30	安倍川

一級水系流域図

（川の名称が地図上にあるもの 28 流域、表にあるもの 81 流域、計 109 流域）

65	山国川
66	筑後川
67	矢部川
68	松浦川
69	六角川
70	嘉瀬川
71	本明川
72	菊池川
73	白川
74	緑川
75	球磨川
76	大分川
77	大野川
78	番匠川
79	五ヶ瀬川
80	小丸川
81	肝属川

48	天神川
49	日野川
50	高津川
51	吉井川
52	旭川
53	高梁川
54	芦田川
55	太田川
56	小瀬川
57	吉野川
58	那賀川
59	土器川
60	重信川
61	肱川
62	物部川
63	仁淀川
64	遠賀川

31	大井川
32	菊川
33	豊川
34	矢作川
35	庄内川
36	鈴鹿川
37	雲出川
38	櫛田川
39	宮川
40	由良川
41	大和川
42	円山川
43	加古川
44	揖保川
45	紀の川
46	北川
47	千代川

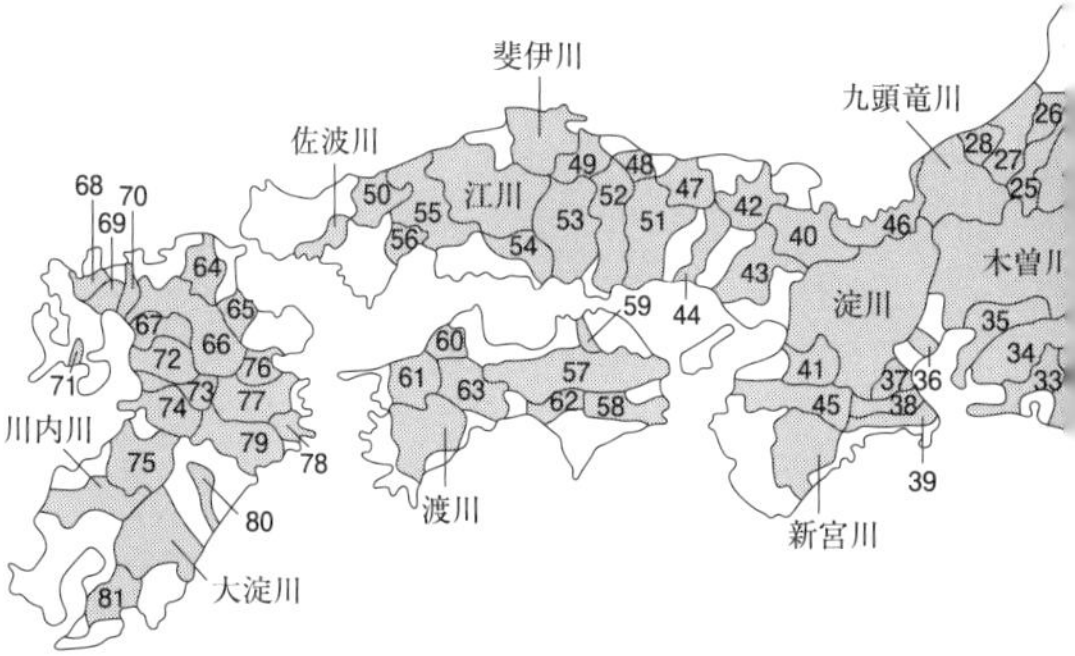

一級水系のみの区分けのため、所々白い部分がある。ここは一級以下の水系流域であり、これを合わせれば日本全国が網羅できる。

『環境を知るとはどういうことか』（養老猛司・岸由二 PHPサイエンス・ワールド新書）より

「流域地図」であなたの住所を記してみると……

この地図は、さらに、行政地図と同じく、自分の家の住所を示すこともできる。

それは、流域が「入れ子構造」という大きな特徴を持つからだ。

流域は、尾根に囲まれた低地という地形的な特徴を持つ。それをひとつのまとまりとすると、実はその中にも同じような「尾根に囲まれた低地」という地形がいくつも存在しているのだ。

源流から河口まで、本流と支流を合わせた水系全体を軸とした大きな流域がまずある（全体流域）。

同じように支流ごとにも流域がある（亜流域）。

さらに、支流に流れ込む支流というのもある。そこにも同じように流域が存在する（中流域）。

支流の支流の支流にも同様に流域がある（小流域）。

……そんな具合に、流域は、大きいものがより小さいものを内包する構造になってい

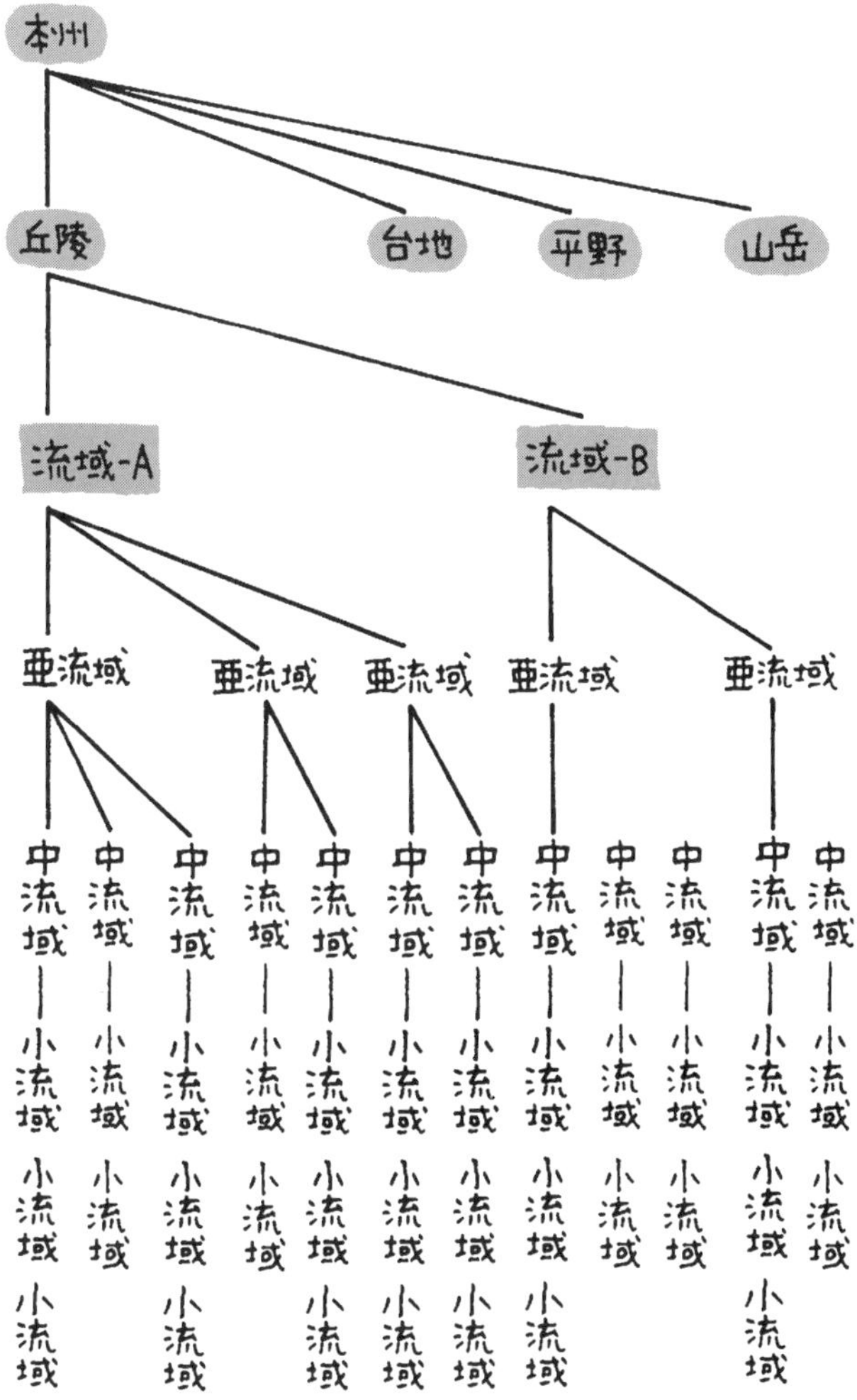

〈大地のデコボコ生態系〉の階層構造

るのだ。だから、入れ子構造。これは横から見れば、階層構造をなしている。私たちが普段使っている行政区分の地図も同じような入れ子構造を持つ。日本列島という大きな枠組みがあり、それが都道府県に区分けされ、さらにその内部は市区町村などに細かく区分けされる。

そして、そうした入れ子構造を使って、私たちは自分たちの家や職場の住所を把握する。「○○県、○○市、○○町、○○番地…」という具合だ。

それと同じことが流域地図でも、入れ子構造を使ってできるわけだ。

ひとつ例を挙げよう。私のかつての勤務先、慶應義塾大学の研究室の住所を。流域地図で示すと次のようになる。

鶴見川《つるみがわ》流域・矢上川《やがみがわ》支流流域・松の川小流域・まむし谷流域・一の谷北の肩。

つまり、私のかつての研究室の場所は、まむし谷という小流域の尾根の縁にあり、その谷は、松の川という小河川流域の中にある。さらに、松の川流域は矢上川の流域の一部であり、その矢上川は鶴見川の流域の一部に属する。

……こんな具合に、流域という単位で、自分のいるところを厳密に特定できるのだ。

これはアマゾン川やミシシッピ川などの大河であっても例外ではない。なぜなら、流域は、水系の大きさに関係なく、尾根に囲まれた低地という地形的な特徴は変わらないし、同じように入れ子構造を持っているから。

なので、どんな大河であれ、流域地図をつくることができるし、自分の居場所を行政区画ではなく流域の入れ子構造を作って住所化することが可能なのだ。

「流域地図」で、あなたがいま、どの大地にいるのかがわかる

流域地図の住所化について、さらに考えよう。

流域は、それぞれの流域の組み合わせ方によって、山岳、丘陵、平野、台地等といった、流域とは異なるランドスケープ（大地のデコボコの配置・構造・山野河海のこと）を構成することができる。

その要素を先ほどの研究室の住所に加えるならば次のようになる。

日本列島・本州島・関東平野・多摩三浦丘陵群、鶴見川流域・矢上川支流流域・松の川小流域・まむし谷流域・一の谷北の肩。

私は、こうした流域地図による住所を「自然の住所」と呼んでいる。

私たちが日ごろ使っている行政区分地図が、抽象的で人工的な分け方によるものであるのに対して、こちらは水系を軸とした流域で分けたもの。つまり、本来の「自然」に基づいた住所である。だから「自然の住所」。

「○○県○○市○○町……」という行政区分地図の住所に慣れてしまうと、こうした流域地図による住所は、とても不思議に見えるかもしれない。

その一方で、自分が日本という大地のどこに位置しているのかが、より鮮明に理解できるのではないだろうか。流域地図を使えば、自分がいまどういう大地のデコボコの上にいるのかを強く感じられるはずなのだ。

ぜひ、あなたも自分の家の「自然の住所」を書いてみてほしい。そして、自分がいまどういう大地で、この地球上に暮らしているのかを、体感してみてほしい。

「地図」が大地のデコボコを忘れさせる

あなたは普段、自分が歩いている足もとの大地のデコボコを意識しているだろうか。多くの自然が残る地域に暮らしていれば、そうしたデコボコを意識することも多いかもしれない。

一方、大地の至るところがコンクリートに覆われたところで暮らしている場合はどうだろう。大地のデコボコといわれてもピンとこないのではないだろうか。それどころか、「自分の足元の地べた」そのものを意識する機会もほとんどないかもしれない。

しかし、いま、あなたが立つ足元は、地球という大地の、自然のつながりの中の一部なのである。

現代の多くの人が、大地のデコボコを意識しにくくなっている背景には、「地図」が大きく影響していると私は考える。

私たちが普段使っている地図は、都道府県や市区町村で区分けされた行政区分地図である。これは、「デカルト座標」をベースにした地図である。「緯度・経度」という形で大地をグリッド（格子）で分割し、そのマトリックス上で自分がいまいる位置を特定するつくりになっている。

ここには、地球という自然の大地、空間のつながりは表現されていない。平面的な大地が、人間にとって使い勝手がいいように人為的に区画されているだけだ。

そうした地図に慣れてしまうと、自分の足元がどのような自然の中で位置づけられているのかが意識できなくても当然である。

それと対照的なのがこの本のテーマである「流域地図」。

それは、流域地図で示される「自然の住所」からも明らかだろう。

たとえば、私のかつての勤務先の自然の住所は、前述の「日本列島・本州島・関東平野・多摩三浦丘陵群、鶴見川流域・矢上川支流流域・松の川小流域・まむし谷流域・一の谷北の肩」である。

この住所からは、自分の足元の大地のデコボコが意識できるとともに、自分の足元の自然が水系の配置を介してどこへつながっていっているのかということも明確に把握できる。

そもそも「流域」とは、「尾根と低地」という地形的な特徴を持ち、それが入れ子構造になって支流から本流へと大きなまとまりをつくっていくことは前述した。

それに基づいた流域地図は、尾根があって、低地があって、川があって……という大地のデコボコが基準になっている地図となる。そこで表現される自然の住所が大地のデコボコを体感できるのは当然のことだろう。

「流域地図」は生きものとのつながりに気づかせる

流域地図が教えてくれるのは、それだけではない。流域に住む生きものたちの存在にも気づかせてくれる。

流域には、源流から河口までの流れに沿って、多様な自然環境が広がっている。最源流の森、中流の低地、下流の湿原、河口の干潟。これが川の基本形ともいえる配列である。小網代の浦の川という小さな河川でも、アマゾン川やナイル川などの大河でも基本は変わらない。

これに、尾根の広がりに沿った山や丘陵の緑や池の自然環境が加わって、流域の自然を作りあげ、そして、そこには、それぞれの環境にすみ場所を持つ多様な生きものたちが存在する。

源流から河口への流れに沿って広がる流域には、こうした生きものたちがまとまりのいい生態系（流域生態系）を形成しているのである。

水系を軸にして広がる流域地図で自分のいまいる場所を把握することは、自分もそうした流域という生態系のまとまりの中で暮らしていると実感する機会になると私は考える。

こうした実感は、私たちが、地球規模で行われている水循環の中に暮らし、またその循環の中で、多様な生きものたちと共存しているという「仲間意識」の芽生えにもつながっていくことだろう。

そして、何よりも、私が「流域地図」を提唱するのは、いまの地球という生命圏が直面している危機的状況に対応するための重要なツールと考えるからだ。

地球温暖化、それにともなう巨大災害の発生、生物多様性の大崩壊、人口の増加、資源の枯渇……。

こうした危機の解決の糸口となるものこそ「流域地図」だと私は考えるのだ。
第3章では、その点について詳しく述べていく。

〈コラム①〉緑におおわれた完璧な流域「小網代」を歩く

人工物に分断されず流域の自然が丸のまま残る

私は、現在、ふたつの流域の保全活動に携わっている。ひとつが、三浦半島の小網代。もうひとつが、私にとってはふるさとの川である鶴見川の流域である。

ここでは、小網代について紹介したい。

小網代は、「浦の川」という、長さ1・2kmの小さな川が刻んだ谷で、もちろん流域である。そこには広さにして約70haの小さな森が広がっている。小網代の森という名で知られる浦の川の流域生態系である。

この森は「流域」を理解するのには、最適な場所。なぜなら、この流域は、浦の川の全体流域の部分ではなく、ほぼすべてに相当するからだ。森に降った雨が地下や地表を伝って川となり、河口に至って干潟をつくり、やがて海に流れていく、という流域の姿を丸ごと見ることができるのだ。

小網代の森には人間のつくった人工物はほとんどない。40〜50年前までは田圃や畑などがあり、その名残が多少は残っているものの、ほぼ１００％自然状態。最源流から河口まで、人工物に分断されることのない「完結した自然の流域」をここに見ることができる。こうした場所は、全国的にも稀有《けう》な存在である。開発が進む現在、道路が横切ったり、住宅ができたり……とすべて丸ごと残すということは難しいからである。

森の中の様子を見てみよう。

源流部の森は、イノデなどのシダ植物、シイなどの常緑林、スギなどの針葉樹林、コナラなどの雑木林が広がる。

源流部を下って、上流から中流にいたると、源流に近いすこし乾燥した谷底にはミズキが、地下水位のやや高い谷底にはハンノキが、下流に近くしばしば水がたまるような場所にはジャヤナギが生える。土と水との関係で、植物はこうしたすみ分けを行う。小網代の森の植物をよく観察すると、そうしたことがよく理解できる。

森を抜けて下流に至ると、そこには湿地が広がる。最初に現れるのは、ササやオギ。より湿気の強い河口近くになるとオギやアシを目にするようになる。

河口の干潟では、左右の塩水湿地にアシの原っぱがある。この原っぱは単なる葦《あし》原ではなく、山側のやや乾燥した場所には乾燥が好きなアイアシが、海に近いより湿った場所にはアシが生える。つまり、塩水湿地は、山の緑と泥の干潟とをつなぐ「エコトーン」（推移帯）となっているのだ。そして、干潟を経て、海へと至る。

小網代の森を象徴するアカテガニ

源流から河口までは、徒歩でざっと1時間弱。こうした植物を目にすると同時に、トンボやチョウなどの昆虫や、たくさんの種類のエビやカニ、貝類、鳥、哺乳類たちにも出会うことができる。

実際、小網代には、2001年の私たちの調査では、2000種近くの生きものを確認できた。甲殻類《こうかくるい》でいえば、58種類が確認され、そのうち30種類強はカニであった。

全生物種を対象とすれば、主な生物群だけでいずれ3000とか4000くらいの生

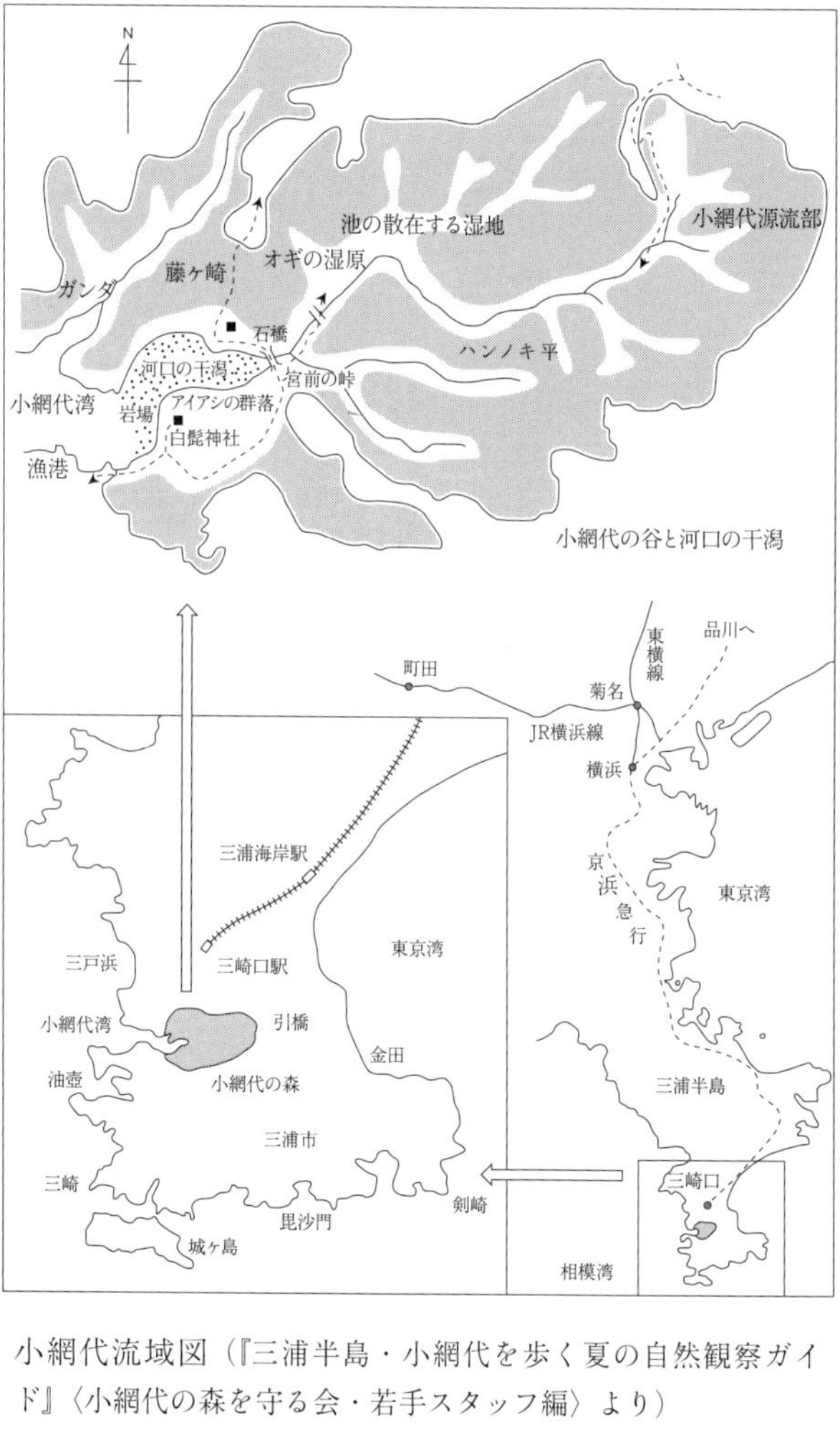

小網代流域図（『三浦半島・小網代を歩く夏の自然観察ガイド』〈小網代の森を守る会・若手スタッフ編〉より）

きものが、確認されるのではないかと私は推測している。カニに限っても現在の確認種は2001年当時の倍に近い、60種ほどになっている。

小網代の森で有名な生きものといえば、アカテガニである。

このカニは、小網代の森のすべてを暮らしの場としている。

普段は森で暮らし、お産をするために干潟に行き、生まれたばかりの子どもは1カ月近く海で暮らしたのち、干潟に戻り、森へ帰る。つまり、森と干潟と海をすみ場所として使っているのだ。

小網代の森は、アカテガニが自然のままに生きて、命をつないでいくことを可能にしている。なぜなら、先述したように、源流部から海まで途中で分断されることなく、ずっとつながっているから。

もし、開発の手が入り、途中でつながりが分断されてしまえば、アカテガニはお産のために干潟に行けなくなってしまうかもしれない。さらに、子どもは森に帰れなくなってしまうかもしれない。そうした環境は、アカテガニにとって生きづらい場所になってしまう。

（上）アカテガニの放仔《はうし》（カニのお産のこと。卵ではなく、幼生・ゾエアを産む）。（下）海に入って放仔を観察する子どもたち。写真提供／柳瀬博一

（右）アカテガニ観察会、通称カニパトのゾエアバッチ。イラスト／NPO 調整会議

小網代の森は、浦の川を軸に完結した自然の流域であるがゆえに、アカテガニはその自然の広がりを存分に活用し命をつないでいけるのだ。

これはもちろん、アカテガニだけではない。源流から河口まで流域としてまとまりを持ち、多彩な自然環境を有する小網代の森は、多様な生きものたちが命を育むことを可能にしている。それゆえ、小網代は、生きもののにぎわいがこぼれる流域となっているのだ。

そして、その多様性を持つ小網代の森を象徴する存在が、アカテガニなのである。

ちなみに、小網代の森での「アカテガニ」のような存在を、「アンブレラ・スピーシーズ」（天蓋種《てんがいしゅ》）という。

これは、欧米の自然保護活動でよく使われる概念。保全する場所に一番深く広く依存する生きものを選んでアピールし、その生きものの住む場所を含めて保護・保全することができれば、その生きものの傘の下で生きるほかのたくさんの生きものも守られるという考え方である。私はその概念を、後で知ったのだが、まったく同じ考え方でアカテガニとつき合ってきた。

アカテガニの暮らしを多くの人に知ってもらうことで、森と干潟と海という流域を丸ごとで保全するということの価値をごく普通の市民や行政、企業にも理解してもらいやすくなると考え、アカテガニを小網代保全の象徴としてきたのだ。

私は、慶應義塾大学の同僚に誘われ、１９８４年から保全活動に参加。そこでの仲間との地道な活動、さらには応援してくれる人々の存在もあって、開発を大きく変更することができた（もちろん、たくさんの紆余曲折《うよきょくせつ》があったのだが……）。

２００５年、国土交通省がここを「近郊緑地保全区域」に指定。さらに、２０１０年、神奈川県が厳正保全に必要な土地の買収に成功。２０１１年には近郊緑地特別保全地区にランクアップされ、この先も自然の流域地形そのままの姿で残ることを確実なものとすることができた。

現在、２０１４年夏の一般公開を目指して、ボランティアと神奈川県が中心となって環境回復と整備作業をつづけているところである。（小網代は2014年7月20日から一般公開されました。詳細は、『「奇跡の自然」の守りかた』〈ちくまプリマー新書〉を参照してください）

第3章　「流域地図」で見えてくるもの

大人や子どもの大地に対する感覚がおかしい⁉

いつごろからだろうか、現代人の「大地」に対する感覚がおかしくなっているのではないかと感じることが多くなった。

その思いを強くしたのが、大学で「流域論」の講義をしているときだ。私は毎年、その講義のスタート時に学生たちに次の質問をするようにしていた。

「君は、誰《だれ》と、どこで暮らしていると感じている？」

さて、あなたなら、この質問にどう答えるだろうか。

学生たちの答えはというと、「誰と？」については、圧倒的に多いのが「家族」だ。ついで「ひとり」。さらに「友達」、はたまた「ペット」という答えもある。

次に「どこに？」。

10年くらい前は、行政区分で答える学生が大半だった。「町田にいます」「日吉《ひよし》です」「23区のはしっこあたりです」という具合だ。それが数年前から、「家」と答える学生が増えたのだ。「□○と、『家』で暮らしています」と答える学生がかなりの数になっている。

この答えに、あなたはどう感じるだろう。

私は正直、この答えに非常に大きな違和感を覚える。

いまどきの日本人であれば、よほどの事情がない限り、基本的に「家」で暮らしているはずだ。にもかかわらず、「どこで暮らしているのか？」と問われて「家」と答える。こちらとしては「そんなことわかっているよ」と言いたくなってしまうのだ。

これが、私の感じる違和感のひとつ目。つまり、相手の質問の意図を読み取ろうとしないこうした感覚に対して、私はまず違和感を覚えてしまうのだ。

「町田市」や「神奈川県」などの行政区分であれば、「日本列島という大地のどこに住んでいるのかを教えて」というこちらの質問の意図に、100％ではないにしても、答えてくれている。でも、「家」という回答は、まったく答えてくれていない。

そして、もうひとつの違和感は、「家」という答えには、自分の住む場所と地域、さらにはそこに広がる自然との結びつきが非常に希薄なのだ。外とのつながりを感じられない個室化された人工的な空間で、日々の生活が成り立ってしまうイメージ。

私たちは、地球という大地に暮らしている。そして、地球のさまざまな自然とのつながりの中で生かされている。前章で人間と川とのつながりを見たが、それなどはいい例だ。

ところが、「家」という答えには、そうした感覚が欠如しているように感じる。足元に広がる地球の大地を意識しないまま、日々の暮らしを生きる。「地球忘却」、あるいは「自然忘却」の感覚といったらよいのだろうか。

こうした出来事に遭遇するたびに私は、現代人の大地の感覚がおかしくなっているのではないかと感じてしまう。

人間は母語を習得するように「すみ場所」感覚を身につける

しかし、ここに違和感を覚える私のほうが、いまの時代においては異質なのかもしれない。

私が育った横浜市鶴見区《つるみく》は、私が子ども時代を過ごした1950年代、すでに大市街地になっていたが、近くを流れる鶴見川流域には自然のにぎわいがまだ色濃く残っていた。

なので、子どものころの私は、水辺で魚を獲《と》ったり、川沿いを探検したり、丘陵地に上がったり、雑木林《ぞうきばやし》で虫を獲ったり……と、夏休みなどは文字どおり毎日のように、水辺や丘、森などを駆け回って遊んでいたのだ。

そんな私の体に、地球の大地のデコボコが染みついている。「自分はどこに暮らしているのか？」を考えるとき、水辺や丘陵など、自分の足元から広がる自然がいつでも体の中にある。体とつながって広がっているとわかるのだ。

一方、こうした自然に接することがないまま大人となった人々も存在する。たとえば、都市という、地球の自然から切り離され、人工的な空間で暮らすことをつねとしている人々だ。そんな彼らにとっては、「地球忘却」「自然忘却」の感覚は必然のことなのかもしれない。

人間は言語を使って生きる動物である。とくに母語となる言語は、幼児期に、激しい愛着を持って学ばれていく。母語が選ばれるのは、特定の遺伝的な誘導によるものではなく、たくさんある言語の中からたまたま選ばれたといっていいだろう。

母語が日本語となったのは、幼児期にたまたま日本語という環境に浸《つ》かっていたから。もし、同じ時期に英語という環境にどっぷり浸かっていれば、英語が母語になっていただろう。

これと同じことが「すみ場所」の感覚でもいえると、私は考えている。

私たちはそれぞれが、慣れ親しみ、信頼し、愛情を感じる「すみ場所」を持つ。それは、生まれながら備わっているものではなく、少年少女のころに感動し、楽しみ、幸せを感じたりした空間が大きく影響するのではないかと私は考える。

私と似たような子ども時代を送った人は、山野や水辺が安らぐ「すみ場所」になるかもしれない。一方、自然とのつながりを一切感じることなく、人工的な都市空間で生きる喜びを味わって育った人は、ゲームセンターのような人工的な空間に「すみ場所」としての安心感を覚えるかもしれない。

地球忘却の「すみ場所」感覚の人が増えている

こう考えると、「どこで暮らしているか」の問いに「家」と答える学生たちの感覚も理解できよう。

実際、交通網や通信網が発達した現代社会においては、私たちは自然のことなどまったく意識せずとも日々の暮らしを成り立たせることができる。

電車などの乗り物を使って会社に行き、会社ではほぼ一日中、パソコンの前に座っていれば、たいていの仕事ができてしまうことも少なくない。なにせ、いまの時代、メールや電話を使えば人とのやりとりが事足りてしまうことが多々あるからだ。

昼ご飯は会社のビルに入っているコンビニですませば、外に出ることもない。最近では、会社員でありながら、オフィスに出勤せず、自宅で仕事をするという働き方も可能になってきている。

また、普段の買い物も、わざわざ店に出向かなくても、パソコンで注文すれば自宅に届けてくれるサービスが数多く存在する。友達との会話も、直接に会わずとも、スカイプ等を使えばパソコン画面でできてしまう。

こうした生活が日々日常であれば、「自分は自然とつながっていない」という錯覚に陥ってしまっても当然のことだろう。

人間の「すみ場所」感覚において、「地球忘却」「自然忘却」の傾向は、今後ますます強くなっていくのではないだろうか。

地球環境はいま、危機に直面している

いま、地球環境は危機的状況を迎えている。

地球温暖化が進み、大豪雨による巨大災害が頻発するようになってきた。それは、みなさんも実感として感じていることだろう。

また、地球温暖化による海面上昇も現実のものとなりつつある。２００７年に出され

たIPCC（気候変動に関する政府間パネル）の第4次評価報告書では、2100年までに海面水位が最大で59㎝上昇すると予測したが、2021年の第6次報告書では、最大1m規模に改定されている。研究機関や研究者の中には、2100年までに最大で2m、あるいは5mと予測するところもある。海面が上昇するとどうなるか、シミュレーションしているHPを見ると興味深い（http://flood.firetree.net）。

さらに、生物多様性の大崩壊は、6500万年前の白亜紀大絶滅を超える速度で進むのではないかと危惧《きぐ》されている。温暖化の進む世界では、これから年に数千、数万種（1日約100種）もの生きものが絶滅してゆくとも国連は危惧している。

こうした危機の原因となっているのは、産業革命（18世紀後半～）以来の産業文明にほかならない。

産業文明を定義するなら、動力を駆使して、大量生産を行い、それらを多様な輸送手段によって大量販売し、大量消費することを基本とする文明である。

ここでは、地球の持つ限界や、生態系のキャパシティということを基本的に無視したまま、ひたすら拡大が志向されてきた。

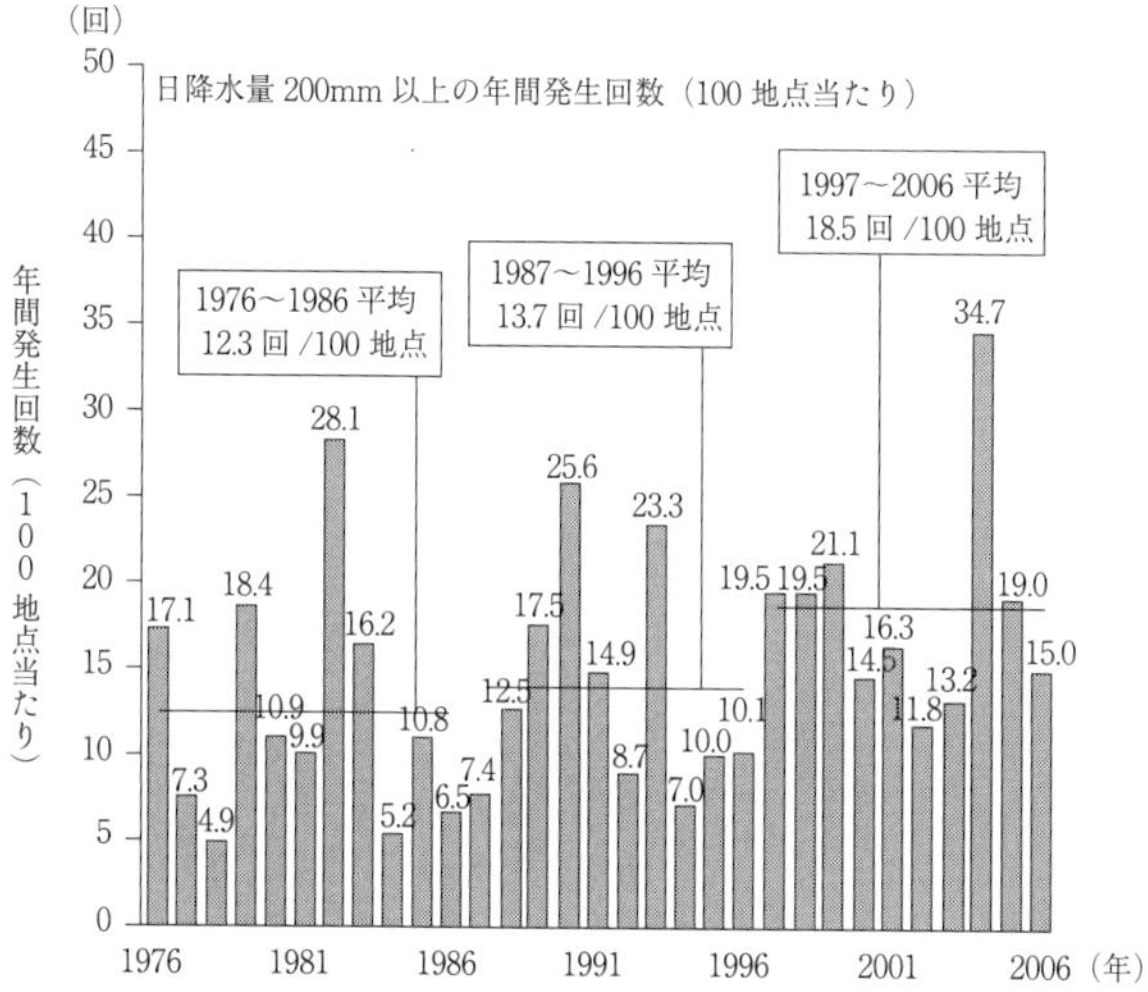

1 日の降水量が 200 mm を超えた回数はこの 30 年間で明らかに増加している。（国土交通省気象庁「気候変動監視レポート 2006」より）

そして、拡大に拡大をつづけた結果、いまや、人口と資源と空間の問題がひっ迫している。

20世紀の半ばにおいて、人口増加や、それに伴う一人当たりの豊かさの増加によって、地球に加える物質的インパクトは、30年前後で倍増したといわれている。21世紀においても、そのインパクトは、40~50年で倍増するのではないかと予想される。

いまや地球の生命圏は限界に達しようとしているのだ。

その具体的な現象として、地球環境の危機が起こっているのである。

私は、こうした現状を生みだしている背景に、前項で述べた、「地球忘却」「自然忘却」の「すみ場所」の感覚が大きくかかわっていると考える。

「地球忘却」「自然忘却」の感覚とは、「宇宙人」(エクストラ・テレストリアル＝E.T.)のような感覚でこの地球に暮らしていると喩《たと》えられるだろう。つまり、地球に対する「よそ者」の感覚。

宇宙人にとって地球は、自分たちの暮らしを豊かにする資源や素材にすぎない。そして、使い尽くしたら宇宙のどこかの星へ移ればいいのだ。地球は宇宙人にとって故郷ではないのだから、これは当然の発想であろう。宇宙人にとっては、地球はあくまでも利用する存在でしかないのだ。

産業文明を生きる現代人は、こうした宇宙人の感覚で、地球を運営しようとしているように思えてならない。

よそ者の宇宙人ゆえに、地球がそもそも持っている限界や、地球に存在する多様な生態系への配慮の感覚がないままに拡大をつづけようとしているのだ。

その結果、いま地球は限界を迎えようとしている。

「流域地図」で地球との距離感を取り戻す

私たちは地球で暮らす生きものなのだ。そのことは肝に銘じる必要がある。

そして、地球の生命圏は、森や草原、海や川などの生態系とつながり、成立している。

都市も例外ではない。

日ごろ、都市に住む人々は、そうしたつながりを意識の上で排除しがちだ。ところが、皮肉にも大災害に襲われたときに、あらためてそのつながりに気づかされる。

実際、大豪雨による洪水は、大都市のど真ん中でも平気で起こる。地震も津波も都市文明に突如として襲いかかる。そうした巨大災害は、私たちから生活を奪い、ときには命を奪うこともある。

危機はこれだけではない。世界中の多くの研究者が、地球温暖化による海面上昇はもはや避けられないと考えるようになってきている。もしそれが現実のものとなれば、川の下流部に広がる沖積低地《ちゆうせきていち》は水没することになりかねない。

第1章で述べたように、こうした沖積低地は、7000〜6000年前の縄文海進後の海退で、山から大量の土砂が流れてきて形成されたものである。東京、横浜、名古屋、大阪、仙台など、日本の大都市の多くは、この沖積低地で発達した。日本だけではない。世界の多くの大都市も、こうした沖積低地の上に築かれている。

これが意味することは、かつてこれらの土地の多くは、海だったということ。そして、縄文海進と同じくらいに海面が上昇すれば（当時はいまより2〜7m高い）、これらの土地の多くが水没しかねないということ。

となると、海面上昇の程度によっては、いまの産業文明は、遠くない将来において、

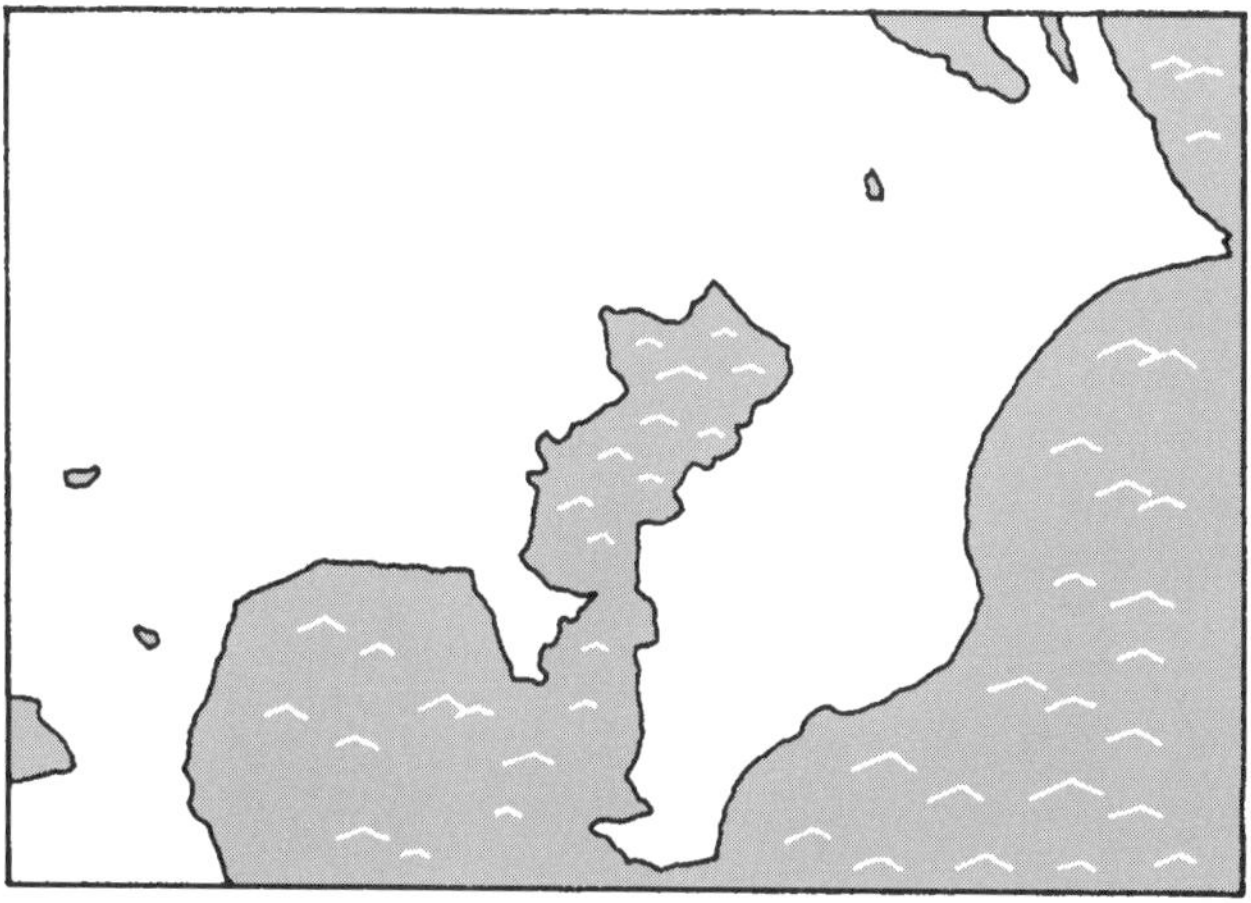

現在の地図。

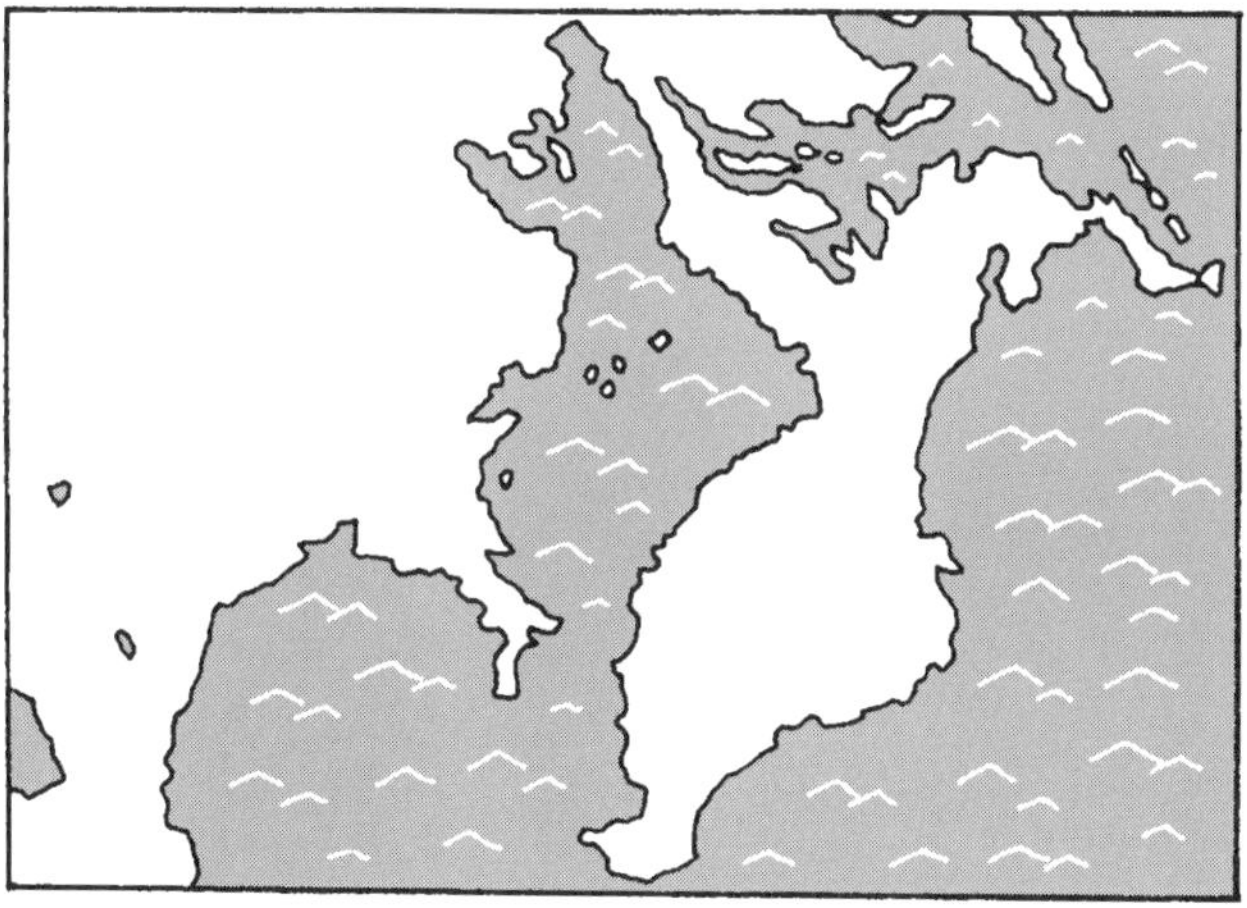

縄文海進の頃。海面が上昇すればこうなる!!

その基盤を喪失することになりかねない。

そうした事態に、今後どういうスパンでなっていくのかについての予測は、研究者によってさまざまである。近い将来とする人もいれば、数百年、数千年後とする人もいる。しかし、いずれにしても、地球は確実にその方向に向かっているのである。それは遠い未来のことではない可能性が高いと私は考えている。

そのときになって、あらためて「自分は地球の上に住む、地球生命圏の一員なのだ」と気づいても後の祭りである。

排除するのではなく、自分を地球生命圏の一員だと意識すること。地球という自然とのつながりを意識した「すみ場所」の感覚を持つこと。

それが、いま地球で起きている危機を克服する、もっとも基本的な方法ではないかと私は考えるのである。

そして、その自覚を促し、自然とのつながりを意識する「すみ場所」の感覚を取り戻す方法こそが、この本で取り上げる「流域地図」なのである。

文明はそれぞれに、生きるための「地図」を持つ

産業文明に生きる現代人が、「地球忘却」「自然忘却」の「すみ場所」の感覚を持つにいたった背景には、産業文明が基準にしている「地図」の問題もあると私は考えている。

普段はあまり意識されないことかもしれないが、私たちは日々の生活において「地図」を参照して行動している。

たとえば、ある一日の自分の行動を細かく観察してみるといい。駅やデパート、街中、公園など、不慣れな場所を訪れた際には、掲示されている地図を見て、自分のいまいる位置を確認していることが少なくない。

このように、私たちは「地図」というものを基準にして、自分が存在する世界を認識し、行動している。

そしてこれは、いまに始まったことではない。太古の昔から人類は生き延びるためにそうした地図を持っていたと私は考える。

人間の進化の歴史を振り返れば、草原や森林を活動の場として「採集狩猟文明」の時

代、農牧地を活動の場とした「農業文明」の時代、そして、都市を活動の場として科学技術の支えを軸とする、今、私たちが暮らす「産業文明」の時代と、3つに大きく区分できる。

それぞれの文明において、人間は生きていくために、その生活形態に即した「地図」というものを持っていたはずである。もちろん、採集狩猟時代のように、文字を持たなかった時代には、今のような描かれた地図は存在するはずがなく、それぞれが心の中に持つ地図という形になるであろうが。

採集狩猟文明の地図は、大地のデコボコをベースとした自然の地図にほかならない。というより、そうした地図を持たなければ、日々生きていくことが難しかったはずだ。なぜなら、足元に広がる森や水辺、草原の広がり、そこにすまう多様な生き物の情報が記された「地図」を体で覚えていなくては、日々の食糧調達がままならなくなってしまうからだ。

次の農業文明の地図も、採集狩猟時代と同じように、自然の地図がベースであったと考えられる。なぜなら、農地の管理や、副業としての採集狩猟において、山や川、池、海などの地形や水循環を知ることは、生きる上で必須《ひっす》であったと考えられるからだ。

ただし、農業や牧畜の規模が拡大されるにつれて、土地についてのさまざまな秩序が生まれていく。所有の意識の出現にともない、土地には人為的な境界線が設定されていき、権力者の出現により政治的な区画も整えられていった。

当然のことながら、そうした要素は地図にも加味されていく。農業文明の地図はやがて行政地図的な性質を帯びていくようになったのだ。律令制《りつりょうせい》の方形区画地図は、まさにこの農業文明の産物といえよう。

産業文明は平面的なデカルト・マップが基準

では、産業文明の「地図」とはどのようなものだろうか。

みなさんが「地図」といわれた際にパッと頭に浮かぶものが、それである。あなたなら、どんな地図を思い浮かべるだろうか。

多くの人にとって、まず浮かぶのが、第1章でも述べたように、都道府県や市区町村といった単位で区分けされた行政地図なのではないだろうか。

本章の冒頭で「どこで暮らしているか?」の質問に、10年くらい前までは行政区分で答える学生が多かったと述べた。これはまさに、彼らの心の中にある地図がこうした行政地図ゆえだからなのだろう。

さらに、産業文明は、大量生産、大量販売、大量消費を基本とする文明ゆえに、人やモノの移動のための交通・輸送のルートがメインに記された地図も、広く人々に浸透している。たとえば、道路地図や電車の路線図などだ。

これらのいずれの地図も、第2章で述べたように、ベースは「緯度・経度」という形で大地をグリッド(格子)分割したデカルト・座標をベースとしたものである。

つまり、非常に平面的な地図。そこには、自然のつながりや、大地のデコボコはほとんど表現されていない。

採集狩猟文明や農業文明の地図は、「自然」そのものを基準としていた。足元から広がる山野河海の地べたや空間の配置をベースにした自然の地図だった。一方、産業文明の地図は、そうした自然の地図とはかけ離れたものになっているのである。

さらに、21世紀に入りIT化が急速に進み、いまやパソコンの前に座れば、必要物資も通販で簡単に調達できる。そうした変化を受けて、今後、産業文明の地図は、現実の行政区分も交通路の要素が薄れ、ウェブ上の文字通り、抽象的な図になってしまう可能性もあるだろう。

足元の大地を見つめ直す

この項の冒頭で述べたように、私は、こうした産業文明の地図が、現代人の「地球忘却」「自然忘却」の「すみ場所」の感覚を助長させていると考える。

なにせ、それは自然のつながりを意識させづらい地図だからだ。そうした地図を日常の基準にして行動していれば、地球上の山野河海の配置がつくり出すさまざまな制約の中で暮らしていることになかなか気づけなくなる。地球の資源の限界や可能性の中で、充足して生きていくという感覚を育んでいくのは難しいだろう。

たとえば、水を使いすぎれば、やがては限界が来る。上流の大地を乱開発すればいずれ下流の都市に大水害がおそう。そうした限界に私たちはますます気づきにくくなってきている。

そして、そうしたことが、いまの地球環境の危機を直接に、間接に、生み出してしまっているともいえるのだ。

地球環境が危機的状況にある中、私たちはいま一度、「自然の地図」を取り戻す必要がある。いまこそ、産業文明の地図に革命的な変化が必要なのである。

私が「流域地図」を提唱する理由は、まさにここにある。

「流域地図」とは、水系を軸として、そこに広がる流域をベースに土地を区分けした地図。それは自然をそのまま反映した地図であり、地球という自然のつながりが表現された地図なのである。

この地図を通して、私たちは、自分の足元がどのような自然の地図の中に位置づけられているのか、どのような自然の限界や可能性の中に生きているのかを足元の地球の広がりに即して知ることができる。自分が地球という生命圏の一員なのだということをあらためて気づくことができる。

こうした流域地図を基準として暮らす人が、ある流域に1000人に1人、それは無理でも1万人に1人でも存在するようになれば、彼らの意見が世の中を動かし、地球環境境の危機に対する対応は革命的に変わるのではないかと私は期待する。

「流域地図」は、自然の地図を忘れた産業文明時代の人間たちが、正気を取り戻す絶好の機会となると私は考えている。

洪水は、行政区を超えて流域で起こる

産業文明の地図は、個人のレベルにおいて、自然とつながる意識を希薄にしているだけではない。

さまざまな地球環境の危機への「対応」においても、さまざまな不都合が起きている。かえって、危機を増長させかねない危険性を持っているといっていいだろう。

たとえば、地球温暖化によって豪雨や土砂、渇水等の災害が頻発し、災害の規模は巨大化している。ところがこうした災害に対して、産業文明で主流となっている行政区分地図を基準にして対応しても、どうにもならないのだ。

たとえば洪水。洪水は行政区域内ではなく、流域で起こる。

鶴見川を例に挙げれば、この川の水系は、東京都の町田市、稲城《いなぎ》市、神奈川県の横浜

市（青葉、緑、都筑《つづき》、港北、鶴見、神奈川の6区）、川崎市（麻生、宮前、高津、中原、幸の5区）というたくさんの行政区に広がっている。

私は、この鶴見川流域にある横浜市鶴見区というところで育ったのだが、子どものころ、鶴見川の氾濫《はんらん》にたびたび遭遇した。

とくに被害が大きかったのが、下流にあった横浜市鶴見区（私の住んでいたところ）や港北区、川崎市の幸区であった。

そうした洪水の元凶となった雨は、これらの下流の場所で降ったのではない。最源流部の町田市や支流上流の川崎市の丘陵地で降った雨によって引き起こされたのである。

というのも、鶴見川流域は、1960年代後半から急激に市街地化が進み、1958年には10%だった市街地率は、75年には60%、2000年には85%にまでなっている。現在もその数字にさほど変わりはない。

その結果、本流や支流での源流部において、大雨の際、その雨水を保水してくれる緑の領域（森や雑木林など）が失われてしまった。同じように、川沿いの後背湿地に広がる田圃《たんぼ》でも住宅地化が進み、水害時に増水した水を田圃に一時的に溜《た》めて、下流への水

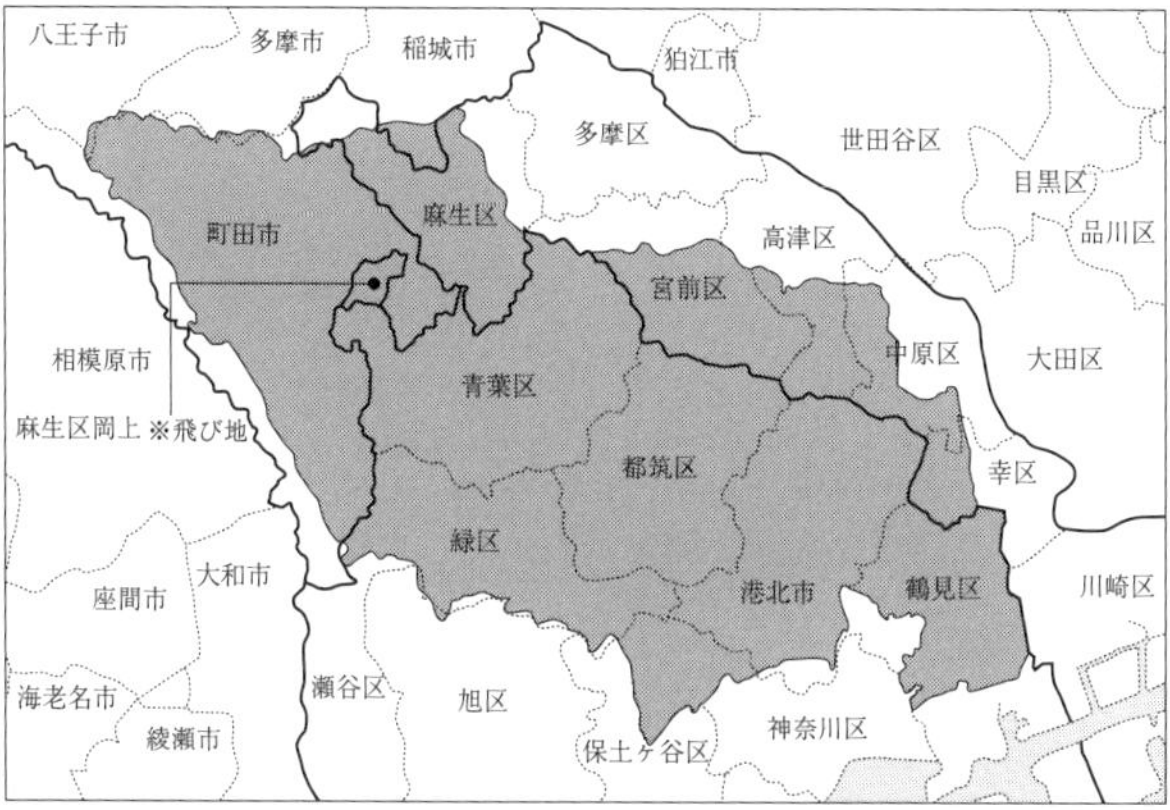

鶴見川流域（グレーの部分）は多くの行政区にまたがっている。どこかひとつの自治体だけで対策を講じても災害は防ぎきれない。

の流れを抑える遊水機能が急速に衰えていった。

　こうした上流域において保水や遊水ができなくなった結果として、一気に川に流れ出た雨水が下流部に押し寄せ、深刻な水害をもたらすことになったのだ。

　このように、洪水は人為的な行政区分とは関係なく、鶴見川という流域で起こる。こうした洪水への対策を考えるとき、行政区分の枠を超えて、鶴見川流域という視点を持たないと、防ぎようがないのである。

　例えば、2015年9月、鬼怒川下流の茨城県・常総市を大水没させた雨は、常総市の上空ではなく、鬼怒川流域源流部の栃木県・日光地域を襲った線状降水帯と呼ばれる豪雨だった。その雨が作り出した大洪水が、上流から、中流を下り、下流の常総市で大氾濫した。源流の山岳地帯にふり注いだ大量の雨水は、行政区など関係なしに、流域の地形にそって流下し、常総市を水没させたのである。

　この豪雨災害からも、行政区単位で洪水対策をしても意味がないことがわかるだろう。岐阜県から愛知県にかけての庄内川流域というつながりで、洪水対策を検討していかなければ災害を適切に対応していくことはできないのだ。

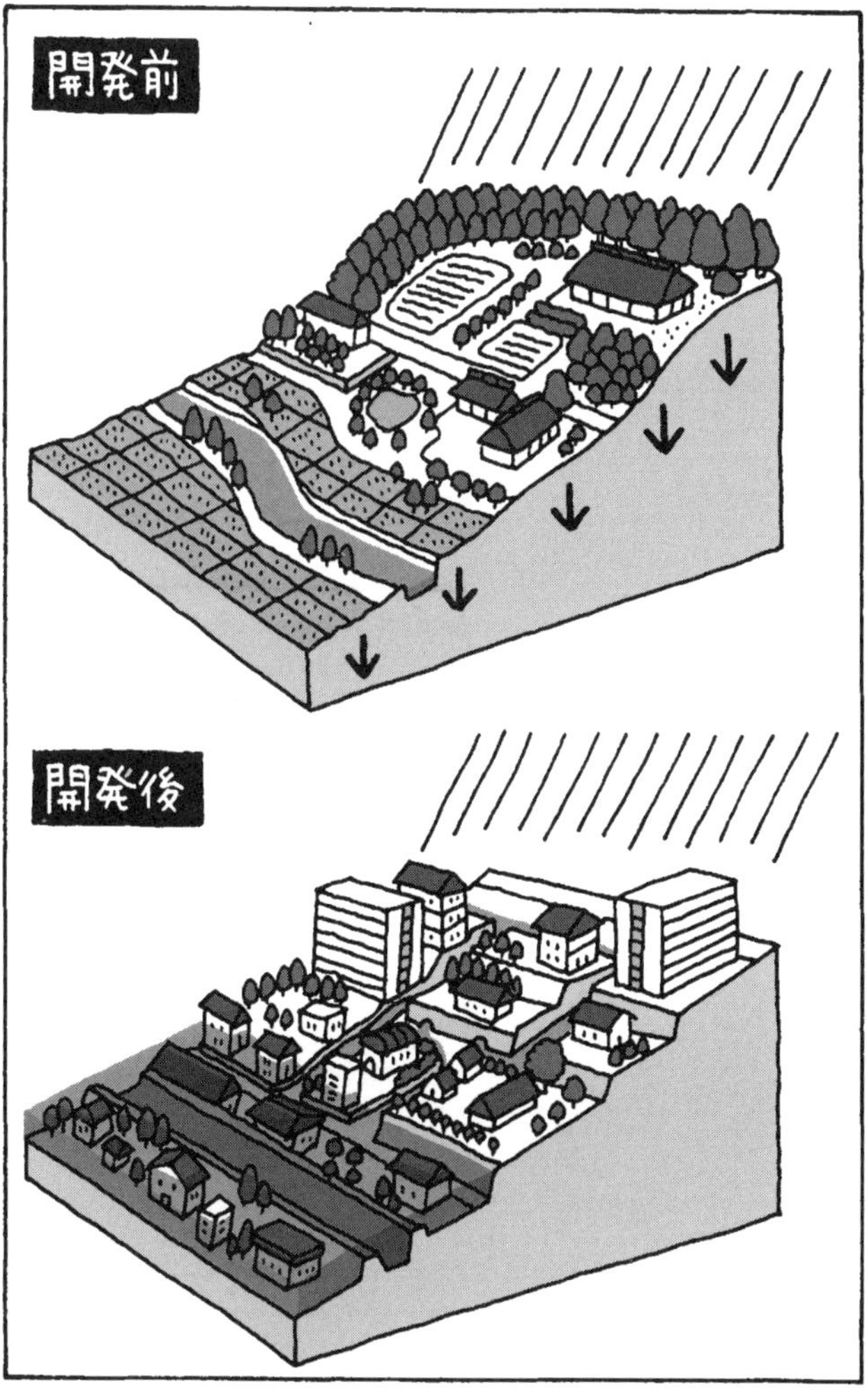

鶴見川流域の事例。緑がなくなると保水力が低下し、田圃がなくなると遊水力が低下する。

しかし、そうした対応がとられている流域は、いまだに少ない。

豪雨災害を回避すべき計画図やハザードマップなどは、相変わらず、「〇〇区の防災ハザードマップ」のように、行政区分地図をベースにした行政境界ごとに表示されているのが一般的である。そうした地図に遭遇するたびに、私は奇怪に思えて仕方がないのだが……。

「里山」での保全の問題点

行政区分地図での枠組みは、生物多様性の保全においても、非常に見当違いのものになっている。

たとえば、2000年以降、行政区を枠組みとして「里山」という単位で、生物の多様性を保全しようという方式が一般的になっている。

これは非常にピントのズレたやり方だ。

生物多様性というと、しばしば生物の「種類」の多様性と誤解されるが、本来の意味は、遺伝的変異を含む生物の多様性と、「すみ場所（ビオトープ）」の多様性のふたつを合わせたものである。

すべての生きものには、自ら生息・生育し、かつ繁殖するのに必要な環境の条件があり、それを充足できている場所を「すみ場所」としている。あるすみ場所に固有な生きものもいれば、そこを一部として使い、すみ場所をいくつか組み合わせて生きる生きものもいる。

そして、すみ場所が多様に存在していれば、おのずとそこに生きる生きものたちも多様となる。

すみ場所の多様性と、そこに生きる生きものの多様性。その両者の多様性をしっかりと保全することが、「生物多様性」と言った場合の本来の目的なのである。

そして、多様なすみ場所を維持するには、山や丘陵、森、川、湖沼、低地、湿地、干《ひ》潟《がた》といった多様な環境がまとまりを持ち、つながりを持っていることが不可欠である。

ところが、昨今流行している「里山」という単位での保全では、そうしたまとまりやつながりを無視した、人為的な行政区分を前提としている。その区分けの中で、自然密度の高い地点を「里山」として注目して、保全していこうというのだ。

これは、私に言わせれば、地球という自然の都合を考慮しない、あくまでも人間の都合によるアプローチである。

こうしたやり方で確実な保全ができるはずがなく、いずれ限界に突き当たることは必然であろう。

地球の危機に、これまでの「地図」では対応できない

今後、地球温暖化が進み、大豪雨の時代になるにつれ、豪雨の降る確率は上昇し、雨の規模もかなり大きくなると予想される。その結果、水害や土砂災害がいまより確実に増大していくようになるだろう。

また、地球温暖化による海面上昇も、確実に起こるものと考える研究者が多数を占めるようになってきた。そうなれば、現在、世界の政治・経済・文化の中心である大都市の多くで水没の危機にさらされることになる。

地域によっては豪雨ではなく、温暖化による甚大な渇水被害も危惧されている。

さらに、生物多様性の大崩壊についても、状況はますます深刻になっていくことだろ

う。

そのとき、今のような行政区分地図で対応しつづけていては、いつまでたっても状況は改善しないばかりか、事態は取り返しがつかないくらい深刻化することは自明であると私は考えているのである。

「流域地図」という自然の地図を使って、行政区分を超えて、地球の都合に沿った対応をしていくことが不可欠なのである。

「流域地図」に基づいた「鶴見川流域総合治水対策」

では、「流域地図」によって、地球環境の危機に対して、どのように対応していくことができるのだろうか。

ここでは、私が1991年以来、足かけ22年保全活動に取り組んでいる、鶴見川流域での試みを例に紹介していこう。

流域地図に期待されるのは、まずなんといっても、「治水」である。

洪水の発生は、流域の地形、土地の利用、都市化の状況によって大きく影響される。

なので、治水を行うにあたっては、洪水が起こった区域だけで限定的に行うのではなく、「流域」全体を視野に入れて対応していく必要がある。

実際、1970年代末、当時の建設省によって採用された「総合治水対策」という方式は、こうした視点に基づいてつくられた。そこで、急激な開発にさらされる一部の都市河川において、「流域」というまとまりで治水対策が行われるようになったのだ。

鶴見川はその策の第一番目の運用河川となり、1980年に「鶴見川流域総合治水対策」がスタート。国の調整・支援のもとに、流域にあるすべての自治体が連携し、流域単位での治水を進めるようになった。

それを象徴的に示すのが、鶴見川流域を「保水地域」「遊水地域」「低地地域」の3つに分けて、それぞれでの治水対策が検討されたことだ。それぞれの地域には複数の行政区が存在することとなり、まさに行政の区分けを超えての治水事業がスタートしたのである。

それぞれの対策について簡単に見ていこう。

保水地域

これは、源流部（支流の源流も含めて）から中流までつづく丘陵地である。流域全体の8割を占める。ここでは、保水能力を維持するために、緑を大規模に残すことが行われた。

さらに、これらの地域は、緑を残すだけでなく、住宅開発時に雨水を蓄える雨水調整地もたくさんつくられた。

開発が進むと、丘陵地の保水機能はガクンと落ちてしまう。これまで水が染み込んでいたところが、水を染み込まないコンクリートに覆われてしまうのだから当然である。その結果、雨水は川に流れ出し、それが下流での洪水の危険性を高めてしまう。1時間に50㎜の雨が降れば計算上は500ｔの水となって流出する。

そこで、丘陵に降った雨を一時的に貯《た》めておこうというのが、雨水調整地である。そうすることで、街に流れ出る水の量を抑えることができる。

雨水調整地は現在、鶴見川の流域に4300もあるといわれており、中には1haもの大規模な、一見すると自然の池のように見えるものもある。

遊水地域

これは、上・中流の川のそばに広がっていた水田地帯である。

先ほど、鶴見川流域の田圃が減ったことで、それが担っていた遊水機能（洪水時にあふれた川の水を溜《た》めておく機能）が激減し、下流での水害の原因になったと述べた（94ページ）。

そこでここでは、田圃を維持することのほか、すでに田圃がないところでは、従来、田圃などが果たしていた遊水機能を代替する、いくつかの遊水地が設置されることになった。

流域最大の拠点は「新横浜多目的遊水地（新横浜・ゆめオアシス）」だ。

これは、普段はサッカーの試合などが行われる日産スタジアムがある公園としても利用されているが、ひとたび豪雨になると、増水した鶴見川本流のピークの一部がそこに入るつくりになっている。そうなったら日産スタジアムが水没するのでは……という心配は無用。このスタジアムは高床式のつくりになっていて、豪雨時には、その下を水が

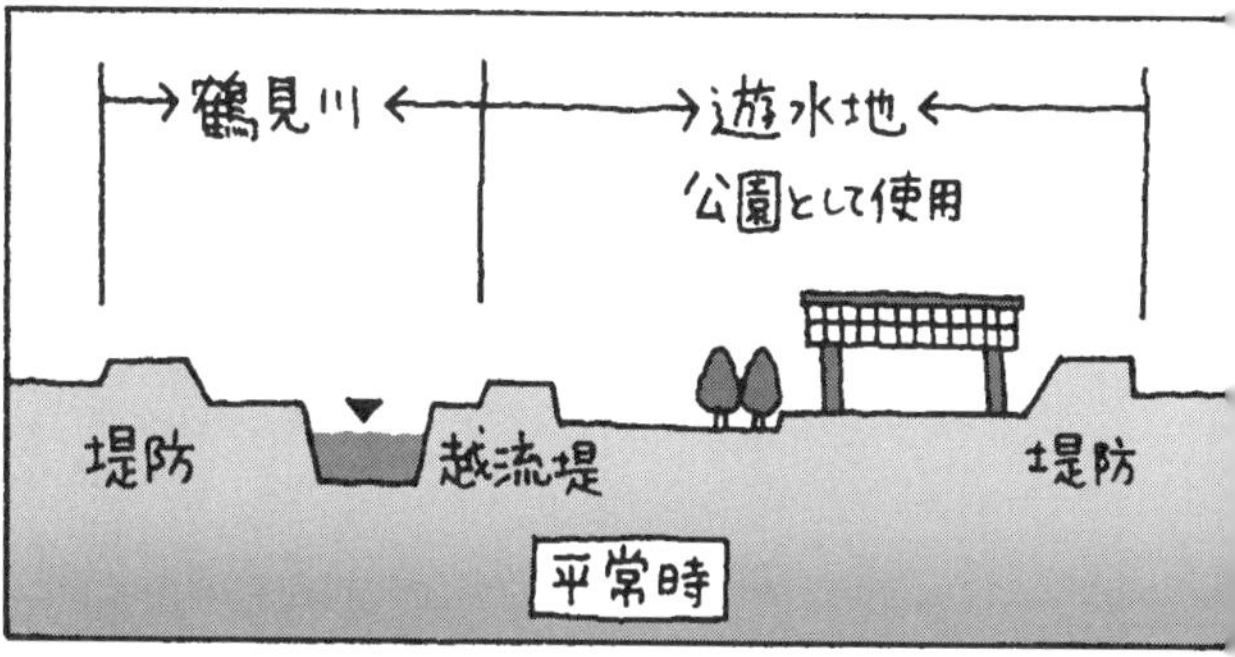

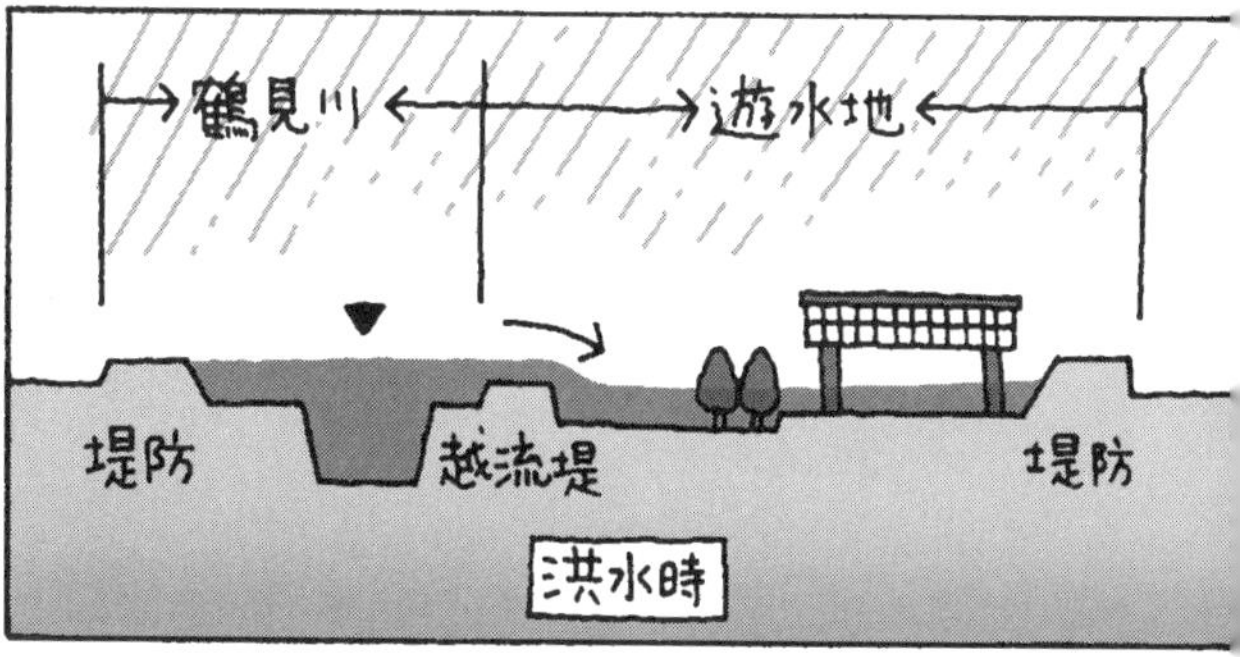

川が増水すると遊水地側へ流れ込むしくみになっている。

流れる仕組みになっているのだ。

この遊水地の総貯水量は390万㎥。この数字は、戦後最大の降雨を記録した1958年の狩野川《かのがわ》台風規模の洪水を想定したものである。

2004年10月の台風22号では約125万㎥、2013年4月の豪雨では約92万㎥もの流入量を記録。鶴見川の洪水の水位の低減に効果を上げている。

低地地域

これは、川沿い、中・下流域の市街地などの地域である。ここは、大雨に際して、ある程度の浸水が起こることを前提に、そこから人や町を守る対策が検討された。たとえば、ビルを建てるときには、一時的に水を蓄える施設をつくろうとか、公園や緑地を整備しようといった対策が盛り込まれ、実施されている。

「50年に1度」規模の大豪雨への対策は不十分

このように「鶴見川流域総合治水対策」では、流域全体で治水ができるように、さまざまな事業がなされた。

その甲斐があって、鶴見川流域では、1958年以来、下流域で頻繁に起こっていた大きな水害が、1982年以後は起こらなくなった。現在、10年に1度程度の豪雨が到来しても町に降った雨がたまってしまう内水氾濫《はんらん》はあっても、河川の水が堤防からあふれてしまったり、あるいは堤防を破ってしまったりして起こる越流による外水氾濫はほぼ100%対応ができるようになったと私は考えている。

その一方で、50年に1度、100年に1度という規模の豪雨への対応はまだ十分とはいいきれない。実際、先述の新横浜多目的遊水地にしても、50年に1度の豪雨が襲った場合には、その機能を果たし得ないと考える河川管理者もいるのではないか。

その規模を超える大きな雨への対応はまだこれから。150年に1度の豪雨に対する対策は、場所ごとの予想水没レベルを示したハザードマップを作成し、住民に配布する程度の対応しかとれていないのが現状である。

地球温暖化により、今後、大豪雨の時代になるのは当然、予想できることだ。豪雨の降る確率も、その雨の規模も、今後さらに大きくなっていくことだろう。

さらに、温暖化による海面上昇も加われば、下流域の水害の危険性はさらに高くなっていく。

そうした観点からも、50年、100年、数百年といったスパンでの治水対策を、流域という単位で行っていくことが今後の緊急の課題だといえる。鶴見川では地球温暖化による豪雨の到来、海面上昇にそなえてさらなる流域連携が強く期待されている。

「流域」が丸ごと残された三浦半島・小網代

では、生物多様性の大崩壊に対する「流域地図」に基づいた対応はどうなっているのだろうか。

生物多様性の危機克服においても、これまでの行政区分ではなく、流域単位で進めるほうが圧倒的に有利である。

それを見事に実現できているのが、コラム①（64ページ）でも述べた三浦半島（神奈川県）の先端に位置する小網代《こあじろ》である。

ここは、三崎台地に源を持ち、小網代湾に注ぐ「浦《うら》の川《かわ》」という小河川を軸とする流域が自然のまま丸ごと残っている稀有な土地である（詳しくはコラム①を参照）。

理想的な流域生態系を持つ小網代の土地も、１９８０年代半ばには、リゾート開発の対象となっていた。

企業と地元行政が中心となり、ゴルフ場を進出させ、そこで得た収入でリゾートホテルやマンション、道路をつくり、さらには住宅も建てていくという計画だ。

全体を開発せず、自然を大きく保全するもうひとつの開発を提案し始めた慶應義塾大学の同僚に誘われ、私も保全運動に関わるようになった。

運動を手伝おうと思ったのは、小網代が、高校時代、自転車で城ケ島までツーリングに行った際、途中の休憩ポイントから見下ろしていた谷だったからというばかりでなく、この谷でなら流域思考による生態系全体保全が実現できると直感したからでもある。

大学院生のころアメリカの流域研究を翻訳する機会があり、「流域」というものが非常に気になっていたこともある。流域という枠組みによって、一般の市民が関わりやすい環境保全活動ができるのではないかとずっと考えていたのだ。

そんなこんなで小網代に通いつづけることになった。「運動」といっても、まずは小網代に行き、最初に保全を提案した「ポラーノ村を考える会」（1983年発足）の一員として生きものの記録をとったり、散策路の安全や環境保全のための土木作業をしたり、会う人会う人に「いいところだ、いいところだ」と宣伝するだけ。政治的な反対活動はなし。

その後、1990年に「小網代の森を守る会」を発足（現「小網代の森と干潟を考える会」）。そのころになると、マスコミにも大きく取り上げられるようになり、応援団も増えていった。

とくに夏のアカテガニの産卵シーズンになると、たくさんの人たちが小網代に集まるようになった。私たち保全グループのメンバーが「カニパトロール」（通称「カニパト」）を結成。アカテガニのお産が見物する人たちで妨げられないように注意を促す。日没後の満ち潮に合わせてたくさんの幼生を海に放すアカテガニ。その神秘的な光景を目にした人たちは一様に感動してくれる。そして、帰り際には小網代の保全のためのトラスト会員になってくれることも少なくなかった。

それでも全面「開発」の方針はなかなか変更してもらえなかったが、状況が大きく変わったのは、活動開始から12年目の1995年。当時の長洲《ながす》一二《かずじ》・神奈川県知事が「谷は保全したい」と表明してくれたのだ。その直前に知事と面談した折、知事は、「小網代は森と干潟と浦が一体となってアカテガニの暮らしを支える森と、よく認識している」と発言された。もうだいじょうぶと思った瞬間だった。

その後、知事の発言にそって全面開発の方針は百八十度転換。地元も企業も賛同して保全の方向に進んでいった。1997年には保全の方針が確定し、2005年に国土交通省が近郊緑地保全地区に指定。2010年には、神奈川県が厳正保存に必要な土地の買収に成功し、2011年秋、小網代の森はその大半が近郊緑地特別保全地区にランクアップもされたのだ。その結果、小網代の森70haが流域生態系として丸ごと保全されることになったのは、すでにコラムで述べたとおりである。

保全の決まった小網代は、農作業が1960年代に終了して半世紀。谷底は全面的に笹原となって生物多様性も劣化し、作業者の通行も困難な状態だった。一般開放の予定された2014年までに、乾燥した笹原を湿原生態系に転換し、生物多様性回復と安全性の確保を進めるのは私が代表を務めるＮＰＯ法人、小網代野外活動調整会議（２００５年設立）の仕事となった。一面の笹原を湿原に変える作業は、流域が集水する雨水を利用して数か所に新しい水路を設定する方式で完了することができ、２０１４年、一般開放を迎えることになったのだ。

流域が保全され、笹原が湿原となって生物多様性は大きく回復したものの、小網代保全のもう一つの目標、市民が安全利用できる環境を創出するには、別の大きな工夫が必要だった。中央の谷に沿って安全な散策路を完成させることだ。担当は神奈川県。２０１４年夏、県は、源流から河口の干潟まで延長１４００ｍ、頑強な構造をもつボードウォークを主体とする散策路を完成させ、その完成を以て小網代を一般市民に開放したのである。

それは、シダに覆われる源流の森から、ハンノキ・ジャヤナギの湿地をぬけ、スワンプ（湿地林）の散在する広いアシ・オギの湿原をゆき、真正面から河口干潟に通じる感動の路。季節に応じ、潮のリズムに応じ、流域生態系本来のすばらしい自然のドラマを存分に体験できる流域散策の道だ。

そのドラマに生きものたちの賑《にぎ》わいをそえてゆくのが、私が代表をつとめるNPO法人の仕事。私たちは湿原や流れを回復し、散策路をゆく訪問者が、アカテガニたちだけでなく、ホタルにもトンボにもにぎやかにであえるような、自然再生を試行錯誤している。

小網代の生態系は開園後もずっと手入れが必要である。事故や土砂災害がないよう、多様な自然の崩壊がすすまないよう、自然の保全と訪問者の感動を両立させるための難しい作業がつづいていく。

いま整備がすすむのは中央の谷だが、小網代の入れ子構造の流域には、ほかにもすばらしい自然を支える亜流域群がある。それらの小流域のひとつひとつについて、全体流域や、干潟や海との調和を考えつつ、防災、保全の作業をすすめてゆくのは開園後の仕事になる。

谷の保全につづき、生物多様性の宝庫でもある河口干潟を保全するための法的な手立ても、すでに緊急の課題になっているのはいうまでもないことだ。

流域思考の小網代保全を支えるNPO法人「小網代野外活動調整会議」は、そんな課題にしっかり対応してゆけるよう、協同の作業やイベントも工夫しつつ、市民、行政

（神奈川県・三浦市）、京浜急行電鉄をはじめとする企業、地元町内、漁協、そして保全を支援する「かながわトラストみどり財団」などとの連携をさらに強化しているところだ。

今後の小網代の展開については、ぜひ、NPO法人「小網代野外活動調整会議」のHPをチェックしてほしい。（http://www.koajiro.org/）

動き出した鶴見川流域の「水マスタープラン」

一方、鶴見川流域での生物多様性の保全・回復はどうだろうか。

日本では、1992年の地球サミットで提案され、翌年に発効した「生物多様性条約」に基づき、1995年、「生物多様性国家戦略」を閣議決定。それ以降、全国規模、ならびに地域レベルでの生物多様性の保全回復計画を推進していくことになった。

じつは、鶴見川流域でも、1996年から2001年にかけて、こうした生物多様性国家戦略の地方方策のモデルのひとつとして、流域ベースでの保全回復計画が策定され、環境省と国土交通省、地域自治体、流域の市民団体の連携で進められていた。もちろん、私の所属する鶴見川流域ネットワーキング（以下、ＴＲネット）も、これに全面協力した。

ところが、計画から実践へと移行する直前、ストップがかかってしまったのだ。ちょうどそのタイミングで行政区分に対応した「里山論」が大ブレークしてしまったことが原因だ。学者間の考えや利害の対立も大きくなり、流域を活用した生物多様性保全の地域計画を進めていた環境省は突然「里山」一色となり、その結果、行政をまたいだ「流域」という視点での多様性計画は破棄されてしまったのである。

しかし、そこで「流域」というまとまりでの生物多様性の保全・回復の道が絶たれてしまったわけではない。２００４年にスタートした「鶴見川流域水マスタープラン」（以下、「水マスタープラン」）において、流域ベースでの生物多様性の保全・回復が再び盛り込まれたのだ。

水マスタープランとは、１９８０年に始まる「鶴見川流域総合治水対策」と、生物多様性の保全・回復、さらには、それ以外の諸施策を流域単位で統合的に行っていくというもので、２０００年ごろから国が音頭《おんど》をとって検討が始められた。そして、さまざまな議論の末に、2004年8月に施行の運びとなり、今に至る。

その基本理念は、「水循環の健全化を視点とする流域再生をめざす」。

この「水循環の健全化」とは、私の定義では、「流域における水循環が、人々の暮らしと自然と産業それぞれによい効果を与え、バランスがとれている状態」。

私たちは、地球規模での水循環の中で生きていることは、第2章で述べた（47ページ）。その中にあって、暮らしへのいい効果とは、水害の被害を防ぎ、飲み水としての川を汚染から守ること。

自然へのいい効果とは、川やその周辺に生きる動物や植物が生息・生育・繁殖できる環境を整えていくこと。

産業へのいい効果とは、農業地帯であれば収穫に恵まれること、商業地帯であれば水害から守られること、工業地帯であれば工業用水を確保できることなどだろう。

このように、水循環の中で営まれる「暮らし」や「自然」、「産業」がバランスよく存在できる状態を実現しよう。これが、水マスタープランの目指すところなのである。

「水マスタープラン」の5つの柱

そのために具体的にどうするかについては、次の5つの柱からなる。

①洪水時水マネジメント
②平常時水マネジメント
③自然環境マネジメント
④震災・火災時マネジメント
⑤水辺ふれあいマネジメント

それぞれの内容を簡単に見ておこう。

①洪水時水マネジメント

水害から地域を守るために、流域というまとまりでの治水である。「鶴見川流域総合治水対策」においてすでに実施されてきたが、地球温暖化による大豪雨の激増、海面上昇が危惧される中、さらなる強化が目指されている。

②平常時水マネジメント

平常時においての川の水量と水質を向上させるためのものである。

たとえば、水量の向上。鶴見川の支流では、急激な開発によって流量が減少したところがいくつかある。そうした箇所において、各流域での緑の保全や雨水浸透の促進を通じて水量の回復をはかること。

水質においては、子どもが川遊びをすることができるように、川にすむ多様な生きものたちが生息・生育・繁殖しやすいレベルを目指して改善していくこと、東京湾に排出される汚染負荷を減らすこと、節水社会の実現などが、主な内容である。

この成果は確実に出ており、70~80年代には大変な汚染状態だった鶴見川も、最近はアユが普通に遡上《そじょう》して、水質が大幅に改善された。今年（二〇一三年）は、国土交通省が水質測定する全国の一級河川160あまりの中で、10年間の水質改善率一番の川と発表された。

③自然環境マネジメント

これこそが、かつてつぶされてしまった流域ベースでの生物多様性の保全・回復を引き継いだものである。

流域の地形的特徴である尾根、谷戸、水系、低地を重視し、現在残っている自然を保全する一方で、自然のつながりが分断されてしまったところには緑化を進め、つながりを回復する。このようにして、流域内の水系・緑地の生態ネットワークを取り戻し、生物の多様性を保全・回復していこうというものである。

④震災・火災時マネジメント

川を活《い》かす工夫によって、震災や火災時の危険から流域の街を守ろうというもので、1995年の阪神淡路大震災の教訓から生み出された。

具体的な施策として、消防利水として鶴見川の水を利用することや、地震などの災害

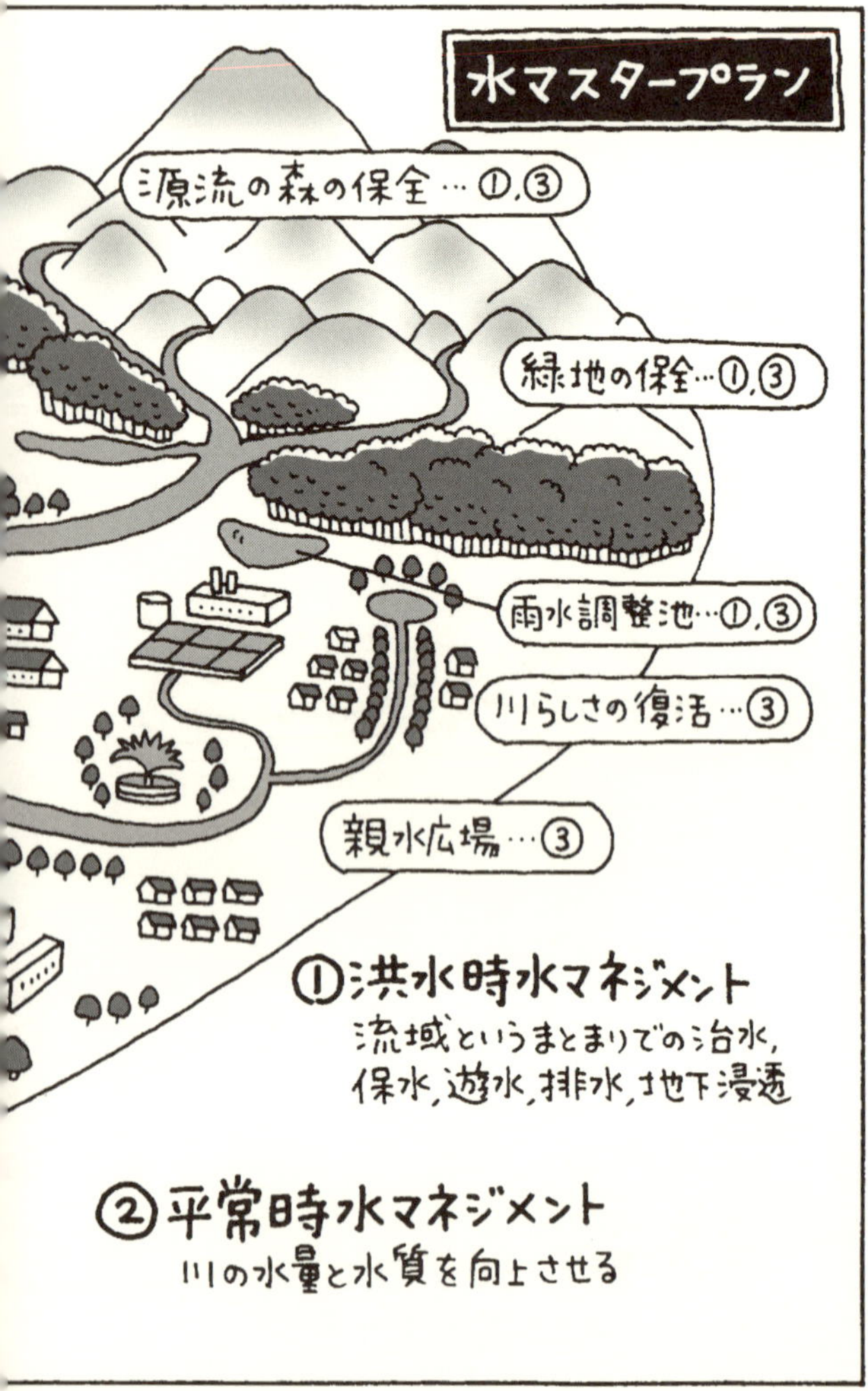

水マスタープラン
源流の森の保全…①,③
緑地の保全…①,③
雨水調整池…①,③
川らしさの復活…③
親水広場…③
①洪水時水マネジメント
流域というまとまりでの治水,保水,遊水,排水,地下浸透
②平常時水マネジメント
川の水量と水質を向上させる

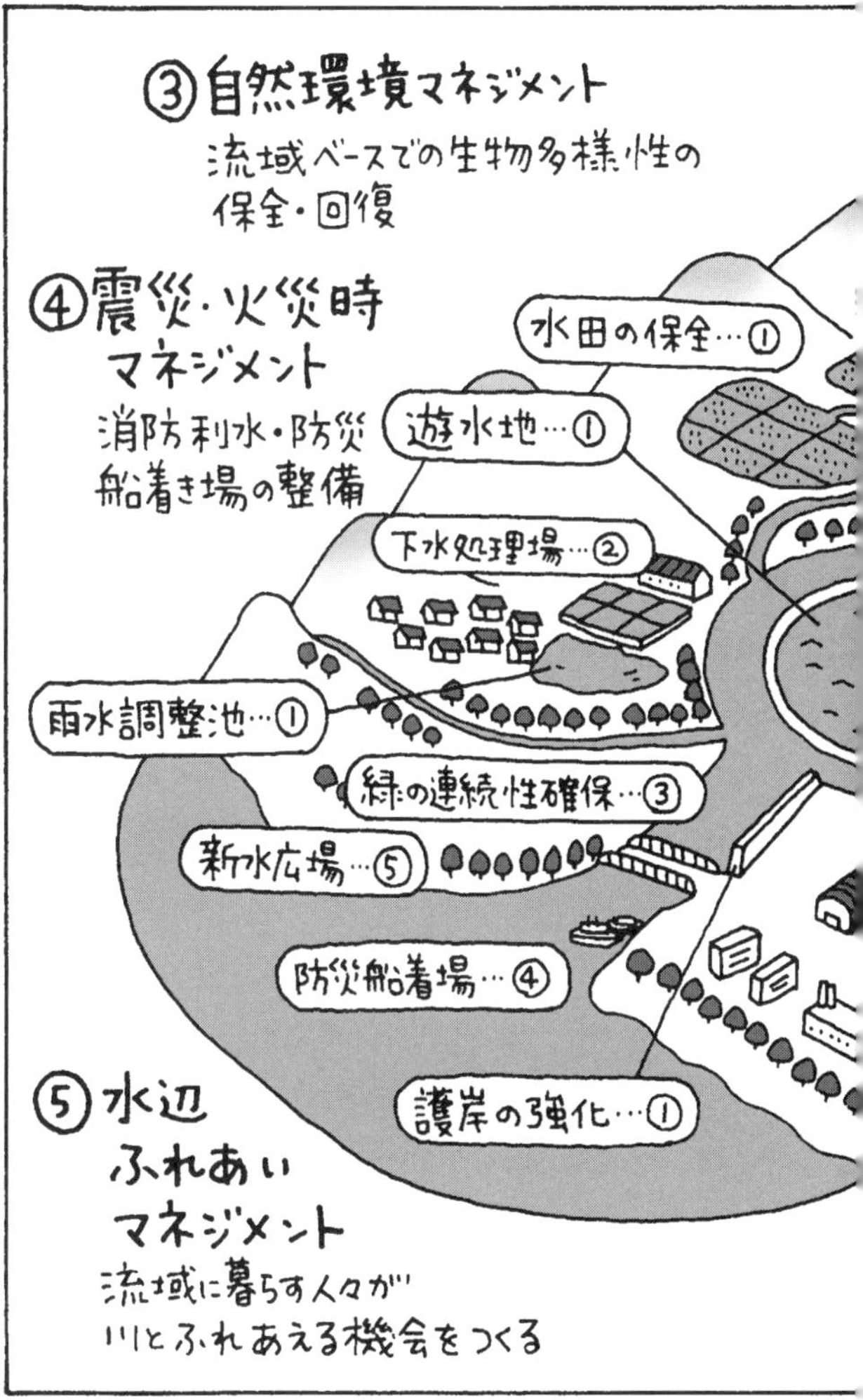
③自然環境マネジメント
流域ベースでの生物多様性の保全・回復
④震災・火災時マネジメント
消防利水・防災船着き場の整備
水田の保全…①
遊水地…①
下水処理場…②
雨水調整池…①
緑の連続性確保…③
新水広場…⑤
防災船着場…④
護岸の強化…①
⑤水辺ふれあいマネジメント
流域に暮らす人々が川とふれあえる機会をつくる

時に、陸路と空路が遮断された際には川からの避難を可能にする防災船着き場の整備などがある。現在、駒岡、佃野《つくの》、末広の3カ所に防災船着き場が整備されている。

⑤水辺ふれあいマネジメント

流域に暮らす人々が鶴見川と積極的にふれあえる機会をつくっていくことで、流域文化を育んでいこうというものである。鶴見川流域センター（http://www.keihin.ktr.mlit.go.jp/tsurumi/）が中心となって、子どもへの流域教育などを行っている。

また、私が属するＴＲネットなどの市民団体が主催する流域での各種イベントもさかんに実施されている。

「水マスタープラン」の今後の課題とは？

以上が、水マスタープランの5つの柱の概要である。

水マスタープランは、「枠組み条約」のようなもので、そこには目的や原則などが示されるに留《とど》まる。具体的にどうするかは、課題ごとに「アクションプラン」をつくり実施していくという形をとる。

アクションプランをつくる主体は、行政に限定されず、民間にも開かれている。提案された個々のアクションプランは行政の水協議会で認知されると、「鶴見川流域水協議会」「鶴見川流域水委員会」「鶴見川流域水懇談会」の３つの組織が関係する進行管理のプロセスに入ることになっている。

鶴見川流域の水マスタープランもすでに20年を経過した。この間、２０２０年には、国土交通省・水国土局（旧河川局）が、全国の河川において、鶴見川の総合治水としくみは全く同じ「流域治水」という治水方針を提示したこともあり、汚染問題や、生物多様性の保全、さらには地域文化まで流域で考えようという水マスタープランは、全国の流域計画の次のステージを先取りするビジョンとなってきたのかもしれない。

治水、自然保護から、都市の計画まで視野にいれる水マスタープランの今後についての期待をいえば、水系そのものにさらに注目して、生物多様性への保全、教育への活用をしっかり進めるとともに、地球温暖化危機に対応するさらに総合的な治水への展開を目指してほしいと思う。

大豪雨の急増など、ここにきて、地球温暖化による地球の危機が現実味を帯びてきた。大豪雨と海面上昇の時代が来るという前提で、それを見据えた都市計画レベルの対策がとくに海面上昇の危機にみまわれる下流の沖積低地の都市域において必要である。

現在の日本では、温暖化対策といえば、温室効果ガスの排出抑制といった「緩和策」が主流である。一方、ヨーロッパやアメリカに目を向けると、「適応策」に舵《かじ》を切りはじめている。「適応策」とは、大豪雨の頻発や海面上昇を前提として、世の中のシステムを調節していこうというもの。ヨーロッパの低地の都市では大きな高台造成による温暖化対応もますます注目されている。

日本の温暖化対策そのものを、こうした適応策へ転換していく必要があるし、水マスタープランにおいても、適応策の観点をもっと盛り込んでいく必要があると私は考える。たとえば、水マスタープランは鶴見川流域を対象としたものであるが、隣接する多摩川流域と流域地図を共有して、協働して治水対策に当たっていくことが急務であろう。

というのも、実際に海面上昇や、１００年に1度の豪雨といったことが起こったとき、大きな水害に見舞われるのは、ふたつの川の下流に挟まれた場所。私が「ドラゴンゾー

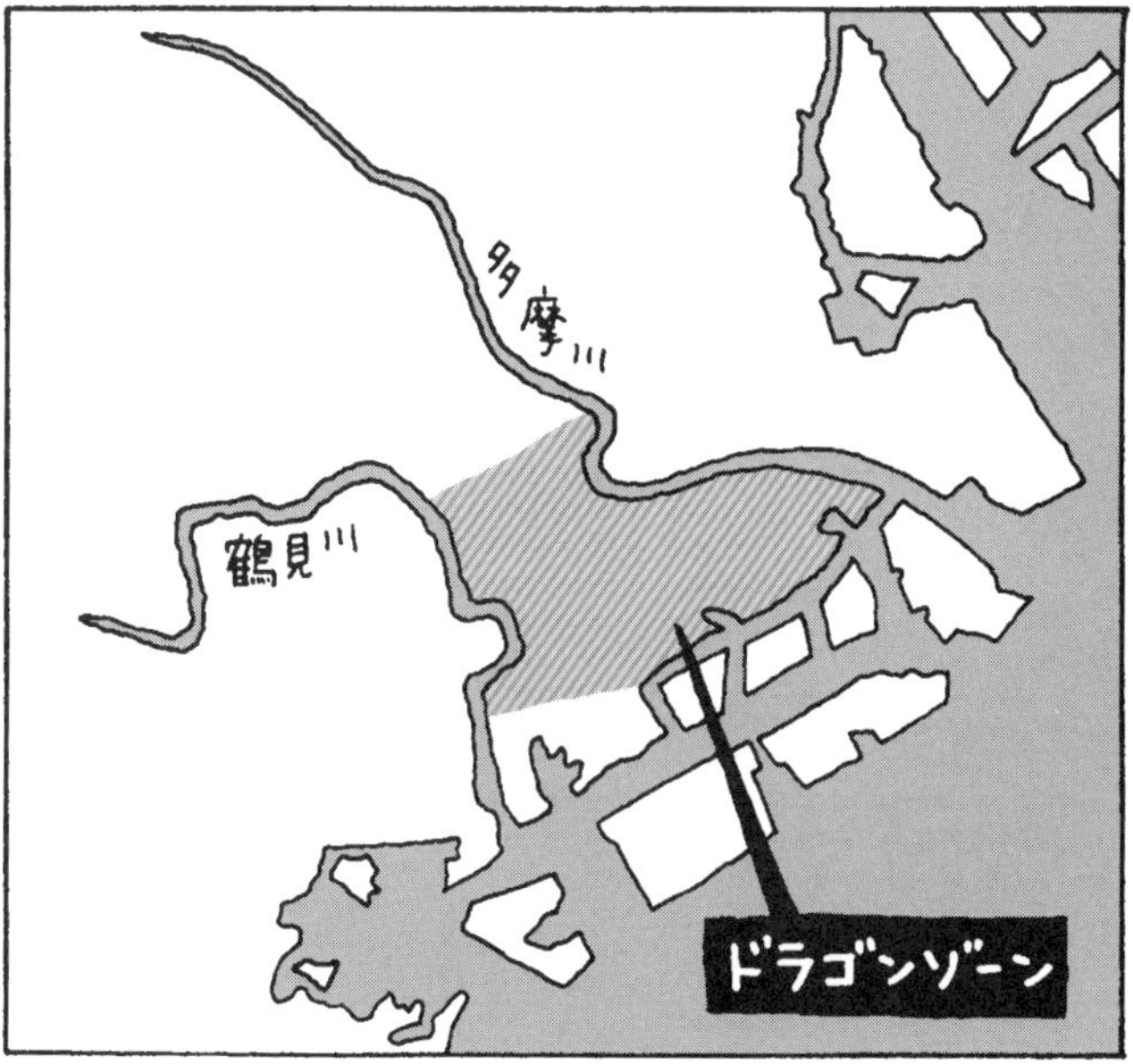

多摩川（た）と鶴見川（つ）の間にある低地が、「たつ」＝ドラゴンゾーンだ。

ン」と呼んでいる沖積低地である。

そうした複合流域の視点も、これからの水マスタープランでは重要になってくると私は考えるのである。

都市と自然の共存をめざして

現在の地球環境の危機を生みだしているのは、産業文明にほかならない。そして、その文明の基盤となっているのが都市文明である。

つまり、いまの危機の原因は、都市であることは間違いないのだ。

しかし、世界人口約80億人の半分以上が都市住民である現在、都市を否定することは難しい。なにせ、人間は都市が大好きだから。都市に住むほうが便利だし、物も豊富で、自由だ。そして、なによりも、都市は人が集い、コミュニケーションをとることができる楽しい場である。私自身、都市が大好きである。

なので、地球環境の危機への対応は、都市文明を肯定した上で、前に進むしかない。

とはいっても、地球環境の再生と、都市文明という相容れないものを、どうすれば同時に成り立たせることができるのだろうか。

それには、地球環境の危機を生みだしている都市そのものの再生から始めるべきである。

都市は、世界を変えていくエネルギーを持っている。しかし、これまでそのエネルギーやアイデアは、もっぱら地球の生命圏の破壊に使われてきた。それを転換し、産業文明が地球の生命圏に適応していくことに活用していけばいいのだ。

そのときの文明的な基本戦略こそ、「流域で考える」であり、ツールとなるのが、「流域地図」なのである。

なぜなら、流域地図は、地球という自然のつながりにそってつくられた自然の地図、生命圏を構成する「細胞」のような大地単位の地図そのものだからだ。

私たちはこの地球で生きていくということは、地球という自然が持つ可能性や制約と共生していくしかない。

そうした意識を共有できる文化を育てていくためにも、「私は流域に暮らしています」と答える感覚を持つ大人や子どもたちを増やしていきたいと私は思っている。

とはいっても、ここで誤解してほしくないのだが、私はなにも行政区分地図を廃止しろといっているわけではない。

そうした地図とともに、もうひとつの共通地図として、「流域地図」という地球のデコボコを示した地図を、行政区分の地図とは別に持ってみてはどうだろうかと提案しているのだ。

「自然の地図」はいくつになっても習得可能

人間が言葉を習得していくにはふたつのプロセスがある。

ひとつが幼いころからその環境に浸かっていること。もうひとつが、反復訓練し習得していく方法だ。母語は前者での、大人になってから身につける外国語は後者での習得になる。

私は、人間が自然とのつながり、つまり流域地図の感覚を身体化していくのも、これと同じプロセスを経ると考える。

ひとつが、子どものころからどっぷりと自然につながり、流域地図が母語ならぬ「マザーマップ」となっていくパターン。

もうひとつが、大人になってから、流域の水辺や雑木林、町をめぐる体験を繰り返しながら、足元に広がる大地のデコボコを体で覚えていくパターン。

いずれの習得方法であっても、自然の地図の感覚は必ず身体化できる。

つまり、行政区分地図とはまた違う、自然のつながりを表わした「自然の地図」は、大人になってからでも十分に習得可能なのだ。


自然の地図が体に染みついていくことは、言ってみれば、「地球語」を話す「地表人」へとなっていくこと。

そうした地表人がたくさん育ち、大地に根付いた感覚を持って、都市における土地の利用や、環境への対応を考えていけば、私たちはもう一度、地球に暮らし直すことができる。

私はそう信じているのだ。

〈コラム②〉流域地図で市民が動いた　～鶴見川流域のTRネットの活動について

ふるさとの川を再生したい

私がかかわっている流域の保全活動には、小網代のほかにもうひとつ、鶴見川がある。鶴見川は私にとってはふるさとの川。鶴見川の河口近くにある鶴見区という町で育った私にとって、鶴見川は最高の遊び場だった。

毎日のように川に行き、魚釣りをしたり、カニをとったり、水辺を探検したり。小学校4年になると遊ぶ範囲は、川の外にも広がった。丘陵地に入り、谷や池をめぐった。

こんな具合に、鶴見川とともに少年時代を過ごした私にとって、汚染や水害などさまざまな問題を抱えていた鶴見川の再生に関わりたいという思いはずっとあった。ただ、そのあまりの規模の大きさゆえに、何から手を出せばいいのかわからぬまま日々が過ぎていた。

自分の中で変化が起きたのは、小網代での保全活動にかかわってから。鶴見川でも「流域」というアプローチがとれるのではと思ったのだ。

そして、1985年にそれまで住んでいた鶴見川の河口の町から、源流部にある町田の団地に転居。私の鶴見川での流域活動が始まった。

最初は、ひたすら鶴見川の源流部を歩く日々。鶴見川の下流域にある職場と、河口にある実家と相まって、鶴見川の源流から河口までの流れが自然と体に染みついていった。

そんな川歩きの暮らしを3年ほどつづけるうちに地元にナチュラリスト仲間ができ、1988年に「鶴見川源流自然の会」と「町田の自然を考える市民の会」というふたつの団体の立ち上げに関わった。こうして私の、鶴見川での流域活動が本格的にスタートする。

TRネットとは?

その後、流域にあるほかの団体とも交流が始まり、上流から下流までの志を同じくする13の団体で「鶴見川流域ネットワーキング(TRネット)」をスタート。1991年のことだ。

ＴＲネットは、１９８０年に始まる「鶴見川総合治水対策」（101ページ参照）を、市民の側から応援し、また、流域に住む人々の間で安全・安らぎ・自然環境・福祉重視の「流域文化」を育てていこうという志でつくられた。

参加している団体は、それぞれ基本的には独立した組織。それぞれに川辺や緑地に拠点を持ち、普段は植生などの環境管理や、生きもの等の調査、川やその周辺の清掃活動といった定期的な活動を行う。それらの活動の地域的、かつ流域的な連携を調整するものとしてＴＲネットが存在している形だ。

２００３年には、事務局機能を担う組織として、「特定非営利活動法人鶴見川ネットワーキング（ｎｐｏＴＲネット）」が設立され、従来の活動を引き継ぐものとして、「連携鶴見川ネットワーキング（連携ＴＲネット）」を新設。現在は、両者が協働しながら、参加団体の多様な活動の連携・調整にあたっている。

現在、連携ＴＲネットに参加している団体は、47団体。それらが亜流域（133ページ参照）ごとに9つのサブネットを形成している。

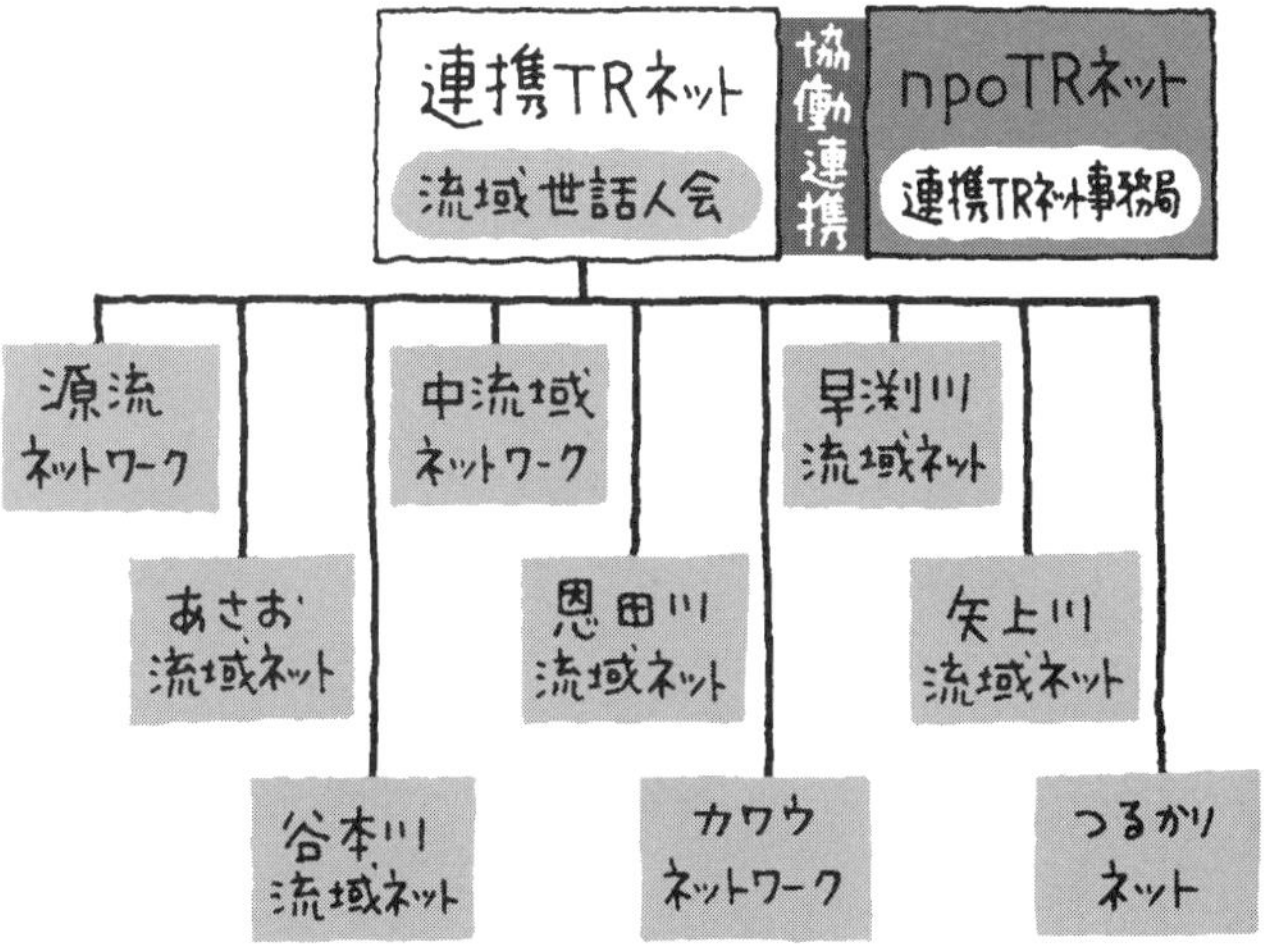
連携TRネット
流域世話人会
協働連携
npoTRネット
連携TRネット事務局
源流ネットワーク
中流域ネットワーク
早渕川流域ネット
あさお流域ネット
恩田川流域ネット
矢上川流域ネット
谷本川流域ネット
カワウネットワーク
つるかりネット

TR ネットのしくみ

総合治水対策から水マスタープランへ

ＴＲネットの活動は、「総合治水対策」の応援と、流域文化の醸成という二本柱からなる。

「応援」というのは、「総合治水対策」を多くの流域市民に知ってもらうための活動だったり、河川管理者へのさまざまな提案だったり、総合治水対策をまったく理解しない人を説得にいったり。

「総合治水対策」の応援は、その後、１９９６年から始まる国による「生物多様性の保全計画」や、さらには２００４年に施行された「鶴見川流域水マスタープラン」への全面協力という形で引き継がれ新たな展開をみせてきた。

たとえば、「生物多様性の保全計画」への協力。

これは、１９９２年の地球サミットを受けて閣議決定した「生物多様性国家戦略」を、鶴見川流域をひとつの地域モデルとして実施していこうというものである。ＴＲネットは、流域で生物多様性の保全回復をやっていこうというこの計画の考え方に賛同。その推進に協働してあたった。

しかし、2001年以降、この計画は、「流域」ではなく「里山」ベースでの保全回復の色が濃くなり、TRネットが推進に尽力した流域をベースにした計画は実現に至らなかった。

その一方で、「総合治水対策」への応援はつづき、「総合治水対策」をさらに発展させた形で2004年から施行された「鶴見川流域水マスタープラン」では、その準備段階からかかわることになる。

そのかかわりの深さを象徴するのが、水マスタープランを一般の人々に啓発するために「鶴見川流域はバクの形」というコピーと、バクに見立てた流域地図が採用されたこと。

じつはこれは、TRネットに参加する団体が、その立ち上げ前後から共有していたもの。「鶴見川流域の形がななめ後ろからみたマレーバクに似ている」ということから、バクの姿を鶴見川流域の象徴として使っていたのだ。

おかげさまで、このバクの形をした流域地図は、いまや流域全体に広がっている。そこに住む人たちにとっては、目にする機会がかなり多いのではないだろうか。

さまざまなイベントを通して、流域文化を育てる

もうひとつの柱である「流域文化の醸成」としては、それぞれの団体が、その拠点において定例的に行っている活動、あるいはいくつかの団体が連携して行う活動である。拠点は現在、流域内に20〜30カ所ほどあり、その中の20カ所くらいが一般公開され、さまざまな活動が実施されている。

また、年間を通して、TRネットが主催や共催するなどして、市民や自治体、企業などと連携して行うイベントやプロジェクトがいくつも開催されている。ここでいくつか紹介してみよう。

■鶴見川源流交流会

源流の小山田緑地で実施されてきた源流祭は、現在、同じ源流域の、みつやせせらぎ公園で7月に実施される鶴見川源流交流会として実施されている。流域の行政、市民が

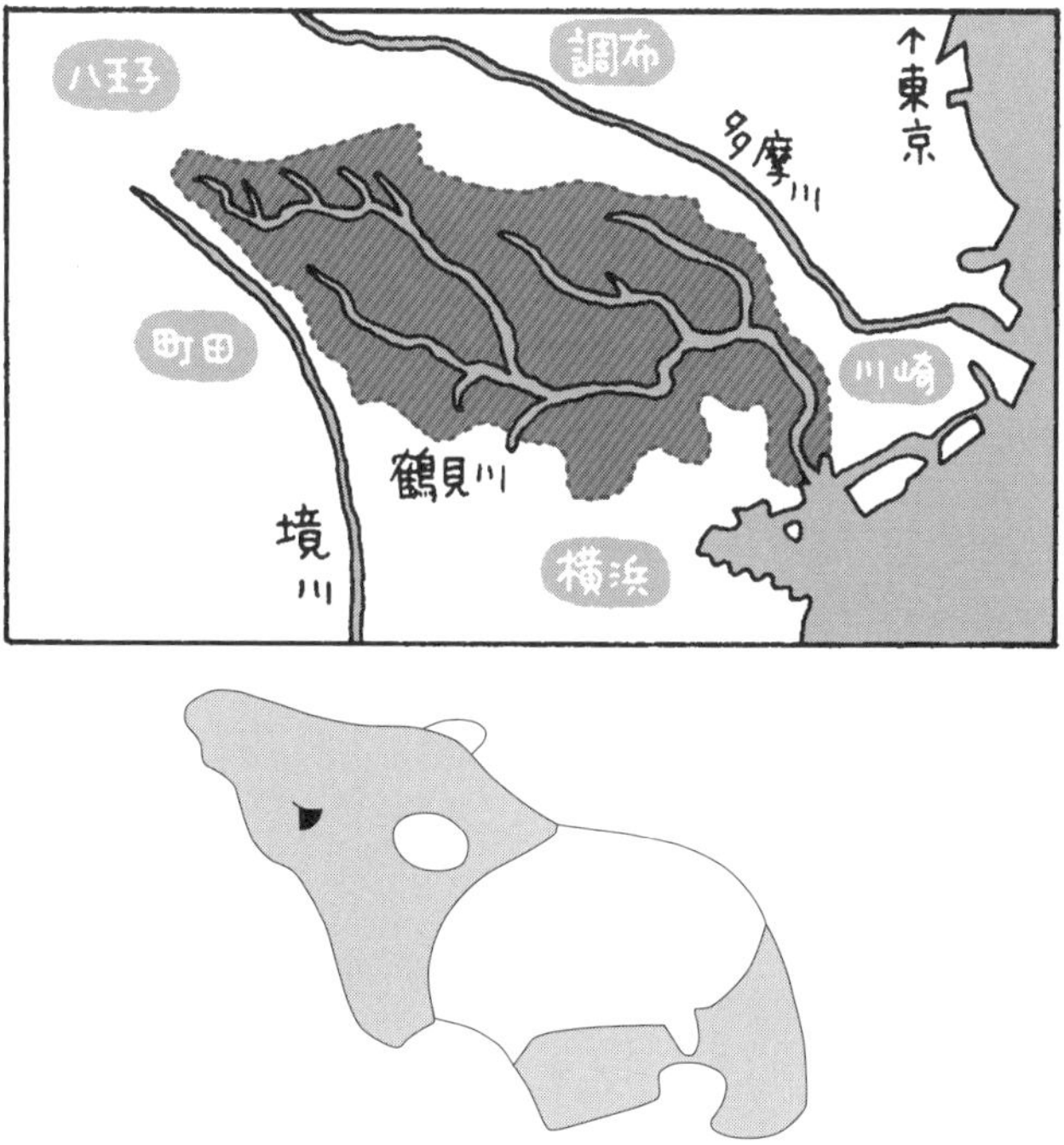

鶴見川流域はバクの形

集い、源流散策などが実施されている。

■鶴見川新春ウォーク

1991年から、毎年1月に実施されてきた、流域歩き。コロナ対応で、現在は自主的な散策と、動画配信を利用した、流域散策イベントになっている。

■鶴見川流域クリーンアップ作戦

「みんなでみがこう、バクの流域、ピッカピカ」をキャッチフレーズとして長く継続されてきた流域イベント。啓発の目標を達成したと判断して、現在は、地域ごと、団体ごとのイベントになっている。

■各種ウォーキングイベント

流域に住む人々に、鶴見川ともっと親しんでもらえればと、「流域ツーリズム」の推進。その一環として、参加団体主催の、さまざまなウォーキングイベントが、毎月、流域各地で実施されている（前述の「鶴見川新春ウォーク」もそのひとつ）。

こうした流域に住む人たちの、川歩き、谷戸《やと》歩き、尾根歩きをお手伝いするものとして、ＴＲネットでは、「鶴見川流域ウォーキングマップ」を作成。現在、「流域歩き編」「川歩き編」「尾根歩き編」の３つがある（１部３００円）。

■バクの流域スタンプラリー

これも、流域ツーリズムの一環。ＴＲネットに参加する団体のボランティア活動に参加したり、あるいは、治水・水循環施設や環境学習施設などを見学したりするごとに、スタンプを押してもらうというもの。

スタンプを２個以上押してもらい、鶴見川流域センターに行くと、スタンプの数に合わせて参加賞（消しゴムや図鑑、など）がもらえる。

子どもたちの「流域デビュー」をサポート

TRネットでは、このように多種多様なイベントを数多く行っているわけだが、それは、鶴見川という川と、その流域を愛する人をどんどん増やしたいから。

とくに、ここ数年は、子どもたちにもっと鶴見川と触れ合ってもらいたいと、子ども向けの野外学習や流域学習のサポートが活動の焦点となってきている。

たとえば、学校に出向き、総合学習の時間に「流域学習」を行ったり、水辺や森に子どもたちが自然と触れ合いながら環境問題について学べる拠点を行政と連携して開いたり、自然学習のツールとして図鑑や自然ガイドブックをつくったり。

そうした活動を通して、これまで数千の単位の子どもたちに向けて、彼らと鶴見川、そしてその流域をつなげるお手伝いをしてきた。今後ももちろんつづけていくつもりである。

もっとたくさんの人たちの「流域デビュー」を促していけるよう活動を工夫し、さらなる流域文化の育成に励んでいきたい。

鶴見川と小網代を結ぶもの

TRネットの活動の中心は、鶴見川流域での流域文化の醸成だが、私自身の構想としては、この鶴見川流域と、さらに、私のもうひとつの保全活動の拠点である小網代も含めた、多摩三浦丘陵をひとまとまりにした文化が流域思考の地域活動連携として育っていけばいいという思いがある。

多摩三浦丘陵は、高尾山の東に位置する八王子市、日野市、多摩市、町田市、川崎市、横浜市をのせて広がる多摩丘陵と、鎌倉市、逗子市、横須賀市、葉山町、三浦市などを含む三浦半島に広がる三浦丘陵のふたつをつなぐ全長70kmに及ぶ大丘陵である。

この両者は私がむりやりくっつけたものではなく、じつは地形的につながっている。

小網代の保全活動をスタートさせ、鶴見川でも流域活動をしようとしていたころ、たまたま二つの地域を含む広域地図を眺めていたときに、そのことに気がついた。そして、これを首都圏の「グリーンベルト」にできないかと私は考えたのだ。

グリーンベルトとは、都市の無秩序な拡大防止や環境保全、災害対策などを目的として、都市周辺に設けられる緑地帯のことである。20世紀に入り、都市化が一段と進む中、ヨーロッパにおいて都市政策の1つとして取り上げられるようになった。ロンドンやベルリンのものがよく知られている。

日本でも戦後、このグリーンベルトを首都圏でつくるという構想があった。1958年の第一首都圏整備計画に盛り込まれたもので、多摩丘陵や武蔵野台地《むさしのだいち》、荒川低地などを緑地として残し、東京、横浜、川崎などの都市を緑の帯が円弧で囲むという計画であった。

しかし、戦後の経済成長の中、指定された地域では市街地化を望む地権者などから猛反対され、結局、計画は頓挫《とんざ》してしまった。そして、首都圏では近郊も含めて急速に市街地化が進み、自然が次々と失われていったのだ。

流域をつなぎ「多摩三浦丘陵」文化を育てたい

多摩三浦丘陵という一大ベルトに気がついた私は、この挫折《ざせつ》に終わったグリーンベルト構想に代わるものにしたいと考えた。

「実際の地形に沿って考えれば、この多摩三浦丘陵こそが、首都圏グリーンベルト構想の最適地。それをベースに検討されていたら、もしかしたら実現していたかもしれない。ならば、これから新しいグリーンベルト構想として動き出せないか」

そう真剣に思ったのだ。

そして、多摩三浦丘陵をもっとアピールするべく、1987年には、鶴見川の多摩流域から小網代まで6回に分けて歩くイベントを仲間たちと実行した。

さらに、1995年には、偶然にも、多摩三浦丘陵群の地形が「イルカ」に似ていることを発見。

三浦半島の部分が「尾」で、川崎・横浜の臨海地帯が「背びれ」、川崎から町田・八王子にかけての丘陵地帯が「頭」、町田と多摩市に接する鶴見川の源流あたりが「目」、そこから高尾方面にかけての尾根一帯が「くちばし」というわけだ。

まさに、太平洋をジャンプするイルカの姿。

それ以後、多摩三浦丘陵を「イルカ丘陵」と命名し、「イルカ丘陵ネットワーク」を設立（http://www.iruka-land.net/）。TRネットの活動と連携し、この丘陵に暮らす人々に向けて定期的にイベントを開催している。

そうした活動を通して、人々の間で共有される「多摩三浦丘陵」文化が育っていけばいいと考えている。

「多摩三浦丘陵はイルカの形」を合言葉に、新たな首都圏グリーンベルト実現を目指して、活動をつづけているところだ。

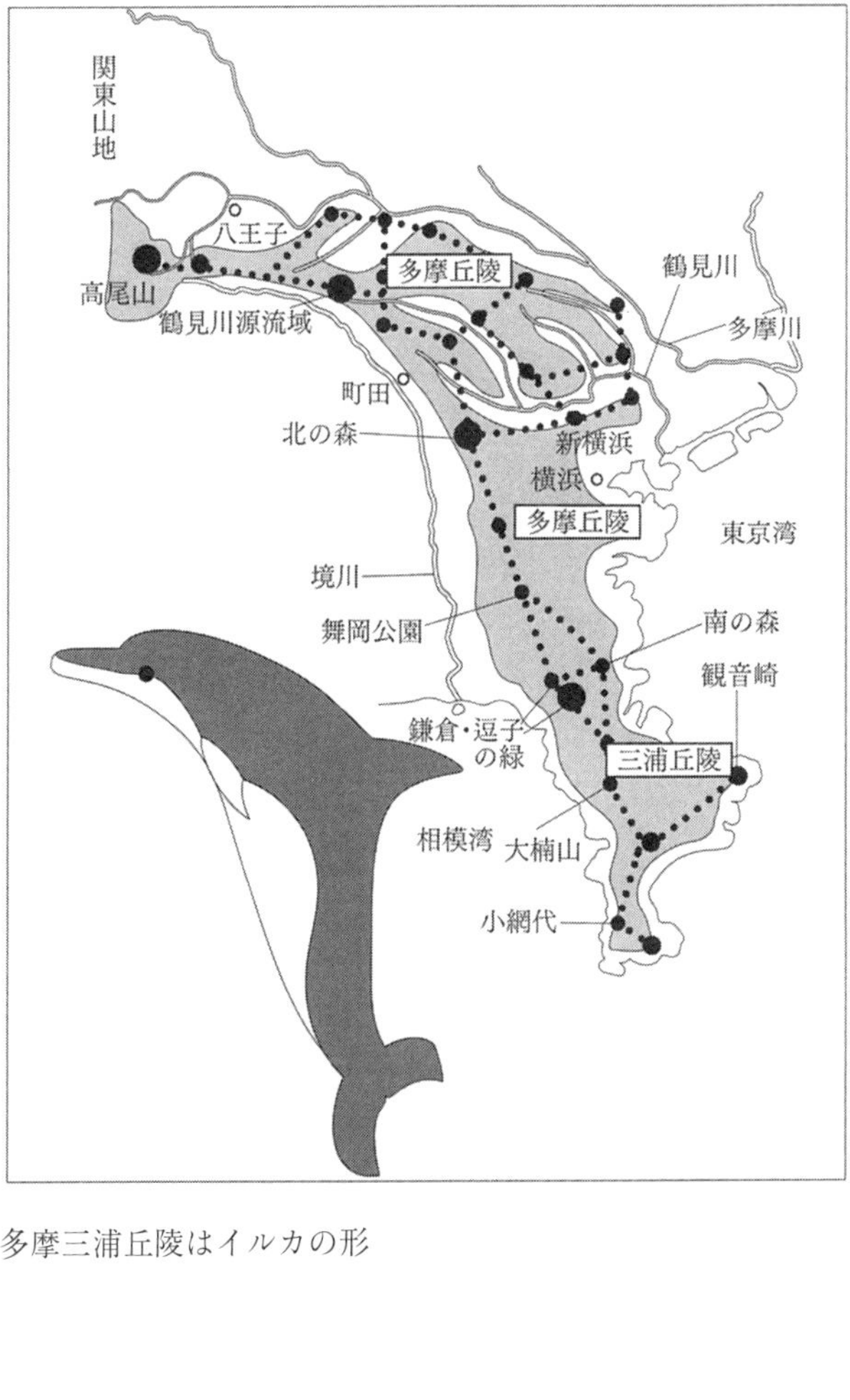

多摩三浦丘陵はイルカの形

あとがき

「流域地図」の、面白さや、有効性、そして流域地図の文明論。流域地図をめぐる論議のあれこれにどんな感想をもたれただろう。

流域地図を基本の手がかりとして、地域の自然の保全や、災害への対策や、さらには環境危機をめぐる地球的な規模の課題や、文明の方向まで考えるような思考を、私は、「流域思考」と呼ぶことにしている。

さまざまな話題の登場する本書は、まえがきでも触れたように、流域思考への入門。軽い散歩やジョギングのような入門を意図した実験書といってもよいだろう。

多様な話題を楽しんでくれたかもしれないみなさんが、読後、「まだよくわからないが、流域地図は面白い。流域思考は面白そうだ」という感想をいだいてくれたとしたら、実験はひとまず成功。日々の暮らしの領域でまだまだ注目されることのない流域や流域地図、そして流域思考が、あなたの心にいますみつくのかもしれないからだ。

流域思考の未来に文明的な希望を賭《か》けている私にすれば、それは、本当に、うれしく、ありがたいことだ。

そんな読者のみなさんの読後の整理のために、あとがきスペースを借りて、流域地図（＝流域思考）の現状・未来、有効性についての新しい展望、さらに流域地図の文明次元の哲学のようなものをすこし追記しておくことにしたい。

＊　＊　＊

そもそも「流域」は、地形学や水文学などとよばれる専門分野の基本概念であり、実務の領域では、洪水や土砂災害などの水関連災害に対応する土木、河川管理などの基本概念だ。その概念が、だれでも親しめる地図として一般流通している事実は、鶴見川《つるみがわ》流域や小網代《こあじろ》などの地域をのぞけば、まだない。洪水報道でさえ「流域」という枠組みに言及されることはまだまれなことなのである。

流域地図の現在は、なお大方は、専門家の本や論文や報告書のなかにとどまっているというのが現状なのだ。

しかし私はその流域地図を、地球生命圏で暮らすすべての市民共通の日常地図の一分野にすべきと思っている。そんな未来を開くためにこそ、治水の分野で、生物多様保全の分野で、流域地図がどんなに面白く有効かをアピールする活動を、小網代や鶴見川、慶應義塾大学・日吉の森での実践を通して続けてきた。そんな暮らしをあえて言葉にすれば、流域活動家、とでもいうことになるのだろうか。

私は、細分化をきわめる学術世界の流域専門家ではなく、流域思考の環境活動の専門家のようなものなのかもしれない。流域地図を大切にして地域を、地球を生きる未来の地球市民を少し先取りするだけの、活動家だ。

やや楽観的かもしれないのだが、私自身の関与する活動をふくめ、流域地図を活用する流域主義の環境活動は、国の内外をとわず、いまにわかに賛同者を増し、影響力を強めるタイミングなのかもしれないと期待している。

温暖化豪雨時代、海面上昇時代に対応する都市計画の領域で、「里山」のような要素論ではなく、生態系の全体性に注目する生物多様性保全の領域で、流域地図は大きな注目を集めつつあるからだ。本書では割愛した津波被害の領域も、実は流域地図が大いに有効なはずの分野だろう。

２０２２年秋、エジプトで開催された気候変動枠組み条約の第27回締約会議（ＣＯＰ27）は、温暖化のもたらす水循環危機への適応の重要さを改めて強調する会議となった。豪雨、渇水危機への対応は、地表の水循環の単位地形である流域で対応してゆくほかにない問題なのだ。

台風・ハリケーンの巨大化、グリーンランド・南極の氷床崩壊による海面上昇といった未来に直面して、世界の沖積低地を基盤とした私たちの産業文明は未曾有《みぞう》の水災害の時代に突入していく可能性が高い。そんな時代を生き抜くために、流域地図を駆使する流域思考は、いやでも注目をあつめていくほかないのである。有志の若者たちは、本書をきっかけに一足先に流域思考の流域主義者になって、大丈夫。

＊　＊　＊

流域地図、流域思考の文明的な意義については、実利的な価値を枚挙するより、実は原理的な思考のほうが明快かもしれない。

温暖化の危機にしろ、生物多様性の危機にしろ、基本的にはどれもこれも、生命圏の大地の凸凹《でこぼこ》、水の循環などを枠組みとして対応せざるをえない課題であることは、とくに難しい思索なしでも自明のことといえるだろう。

しかし、現実の暮らしや行政の実践領域では、自明でない。豪雨水害の解説が、いまだに行政区で語られるのが常識というのは、何よりの証拠といえる。生物多様性の危機に孤立的な里山概念で対応するのも、行政区で洪水を論じるのとおなじくらい頓珍漢《とんちんかん》なアプローチである。

そんな的外れ、頓珍漢が、なぜ常識とされ、いつまでも続くのか。

私の意見を言えば、それは、私たちの共有する世界イメージ（地図）の基本がデカルト座標の地図で構成され、微動もせず継続されているからだ。

洪水は行政区で起きるのではなく、流域という大地の凸凹で起きると、ある日鮮明に理解しても、暮らしのほとんどの領域は行政地図に仕切られており、流域への関心はまもなく行政地図の常識の海にのみこまれてしまうのだ。

地球温暖化・生物多様性の危機に、ありとあらゆる地域において有効に対処し、生命圏への文明の最適応を円滑にすすめるためには、この摩訶不思議《まかふしぎ》な地図の文化の只中《ただなか》で、生きものたちがあふれ水の循環する凸凹大地でできているという新しい地球地図の文化を、育てていくほかないと、私は信じているのである。

文明の底を形成しているそんな地図の領域に、実のある大きな転換を引き起こしていくための、もっとも有効なツールが、流域地図、流域思考と、私は見極めているのである。私たちの暮らす雨の降る生命圏は行政区によって区切られているのではなく、無数の流域の入れ子構造、入れ子地図でできている、という認識への広く大きな転換は、実は、ツールとしての地図の流行などではなく、地球で暮らす文明そのものの転換につながっていくのだと、私は考えているのである。

＊　＊　＊

現代の私たちの医学は細胞への理解を基礎とする医学である。バクテリアも人もすべての生物は細胞でできているという基本了解があるからこそ、バクテリアの研究も人間の医療に生かされるのだ。

しかし細胞医学の登場はさほど古いことではない。19世紀半ばに細胞説が確立する以前の西欧の医療領域では、人間の健康は4種類の液体によってコントロールされているという液体医学の流派が有力だったとも伝えられている。その筆頭の治療法は、よく知られる瀉血《しやけつ》（患者の静脈の血を一部体外に除去すること）であった。現在からふりかえればなんと不思議な医療と思ってしまうが、細胞説の確立がなければ液体医学を乗り越えることはまことに難しかったということなのだろう。

豪雨、旱魃《かんばつ》、海面上昇、生物多様性危機を伴う地球環境危機の時代、温暖化被害への適応策や生物多様性の保全回復にかかわる政策を、相変わらず行政区主義でつづける私たちの社会の常識は、いってみれば液体医学時代の医療と変わりがない。19世紀、細胞説の登場と普及によって液体医学の時代が終わり細胞医学の時代が開かれたように、地球環境危機に直面する産業文明の人類社会は、流域地図、流域思考の普及で、大地に根ざした生命圏文明に転じてゆく。

尊大な言い方のように思われるかもしれないが、私には、そんな未来が見えるような気がするのである。雨降る生命圏は流域の入れ子構造に区画されている。流域は雨降る生命圏の細胞のような生態系単位、それこそが地球の危機を生きる私たちの暮らしの単位と了解する流域思考の時代が、地球規模の温暖化・生物多様性危機の深まりにうながされ、立ち上がっていくのではないか。

＊　＊　＊

さて最後の話題は流域地図の描かれる場所。行政地図とは違う流域地図はだれがどこに描くのだろう。

市販の一般的な流域地図はまだ存在しないので、いまはまだ、必要とする個人や団体などが自力で描くほかはない。もっとも有望なインターネットの地図サービスの領域でも、本文でもふれた「Yahoo!」の水域マップまでが現状で、どこでもボタンひとつで地域の流域配置がわかるようなサービスは、まだない。

私が考えるもっとも有効な流域地図の製作・広報の回路は、河川を管理する部局が、治水事業への市民の理解を促すためにさまざまに工夫した流域地図を描き、市民提供することなのだが、ピントのはずれた行政の無駄遣い批判で、不必要に萎縮《いしゅく》している現実がある。

どこかで、画期的な工夫がはじまるまで、まずはすべての暮らしの足元で、河川管理に注目し、河川管理者の作る流域地図を、市民があらゆる手立てで入手して、どんどん利用するという、鶴見川流域ネットワーキング方式がもっとも確かな回路なのかもしれない。

もちろん哲学的にいえば、究極の地図の転換は、じつは文書や、インターネットの画面ではなく、日々を生きる私たちの頭の中、心の中で起きていく。その転換がどのようにすすむのか、じつはまだ、正解がわかっているわけではない。紙に地図を描いたらその地図が心に刻まれる。そんな単純なことでないのは自明だが、ではどうしたら私たちの心は、デカルト座標をベースとした地図の専制を離れ、足元の生命圏の凸凹大地の地図を再生してゆくことができるのか。それについての科学的に確証されたマニュアルはたぶん、ない。

私の指針は、社会性の採集狩猟の哺乳類だったホモ・サピエンスの幼獣が、大地に遊び、生命圏の地図を体に刻んだはずの歴史を考えてみることだ。しかるべき成長の段階にそって、そんな遊びを現代風に再生できれば、心に大地の地図を刻ませるＤＮＡが必ずや発動し、地球環境危機の時代のホモ・サピエンスたちの心に、足元の大地の地図を作り上げてゆくのではないか。そんな地図を社会として、文明として、自覚し、共有可能にする工夫こそ、流域地図、流域思考と、私は考えているのである。

＊　＊　＊

最後に、本づくりについて。

本書は、文字通りの協同作品だ。流域思考にかかわるさまざまな論文や資料を提供したのは私だが、話題を整理し、読める形に再構成し、読者のみなさんに伝達可能にしてくれたのは、編集の鶴見さん、ライターの前嶋さん。資料をやりとりし、原稿を準備してくださる二人と、延々論議を展開し、整理された原稿に追加・修正を私がくわえ……。すばらしいスピードでそんな連携作業をすすめ、まとまったのが本書である。

流域思考の領域で、専門的な論文・著書や、流域計画・流域活動などにかかわる実務的な文章ばかり書いてきた私は、流域地図や流域思考の面白さを、若い読者の立場にたって整理する方法が、率直にいってわからない。それなら、チームを組んでまとめてみたらと、強くすすめてくれたのは、編集者にして小網代保全活動の一番長い同僚である柳瀬博一さんだった。

柳瀬さん、鶴見さん、そして前嶋さんが、私の手持ちのアイデアや実践を縦横に料理して、まずは、こんなもので、お店にだしてみようと工夫してくださった、というのが本書の由来というわけである。「岸さんにまかせたら、えんえん、難しく、自分の好きなことだけわがままに書くから、統制をかけよう」と、しっかりチームワークを組んでくださったみなさまに、こころからの感謝をもうしあげる。

流域地図、流域思考という、多分まだなんだかよくわからないはずのテーマをあつかうこの小さな本が、地球環境の未来を空論でなく大地に根ざした方式で心配し、大きく学んでゆくはずの若者たちの心に、しっかりとどきますように。これぱかりは、大地の水循環をつかさどる竜神様に祈ってみるしかない。

岸　由二

イラスト　たむらかずみ
構成・文　前嶋裕紀子

ちくまプリマー新書

167
はじめて学ぶ生命倫理
——「いのち」は誰が決めるのか
小林亜津子

医療が発達した現在、自己の生命の決定権を持つのは、自分自身？ 医療者？ 家族？ 生命倫理学が積み重ねてきた、いのちの判断を巡る「対話」に参加しませんか。

073
生命科学の冒険
——生殖・クローン・遺伝子・脳
青野由利

最先端を追う「わくわく感」と同時に、「ちょっと待てよ」の倫理問題も投げかける生命科学。日々刻々進歩する各分野の基礎知識と論点を整理して紹介する。

038
おはようからおやすみまでの科学
佐倉統
古田ゆかり

毎日の「便利」な生活は科学技術があってこそ。料理も洗濯も、ゲームも電話も、視点を変えると楽しい発見がたくさん。幸せに暮らすための科学との付き合い方とは？

044
おいしさを科学する
伏木亨

料理の基本にはダシがある。私たちがその味わいを欲してやまないのはなぜか？ その理由を生理的、文化的知見から分析することで、おいしさそのものの秘密に迫る。

187
はじまりの数学
野﨑昭弘

なぜ数学を学ばなければいけないのか。その経緯を人類史から問い直し、現代数学の三つの武器を明らかにして、その使い方をやさしく楽しく伝授する。壮大な入門書。

ちくまプリマー新書

175
系外惑星
——宇宙と生命のナゾを解く
井田茂
銀河系で唯一のはずの生命の星・地球が、宇宙にあふれているとはどういうこと？　理論物理学によって、太陽系外惑星の存在に迫る、エキサイティングな研究最前線。

195
宇宙はこう考えられている
——ビッグバンからヒッグス粒子まで
青野由利
ヒッグス粒子の発見が何をもたらすかを皮切りに、宇宙論、天文学、素粒子物理学が私たちの知らない宇宙の真理にどのようにせまってきているかを分り易く解説する。

114
ALMA電波望遠鏡　＊カラー版
石黒正人
光では見られなかった遠方宇宙の姿を、高い解像度で映し出す電波望遠鏡。物質進化や銀河系、太陽系、生命の起源に迫る壮大な国際プロジェクト。本邦初公開！

179
宇宙就職案内
林公代
生活圏は上空三六〇〇〇キロまで広がった。宇宙が職場なのは宇宙飛行士や天文学者ばかりじゃない！　可能性無限大の、仕事場・ビジネスの場としての宇宙を紹介。

178
環境負債
——次世代にこれ以上ツケを回さないために
井田徹治
今の大人は次世代に環境破壊のツケを回している。雪だるま式に増える負債の全容とそれに対する取り組みがこの一冊でざっくりわかり、今後何をすべきか見えてくる。

chikuma primer shinsho

ちくまプリマー新書205

「流域地図《りゅういきちず》」の作《つく》り方《かた》　川《かわ》から地球《ちきゅう》を考《かんが》える

二〇一三年十一月十日　初版第一刷発行
二〇二四年　二　月十日　初版第七刷発行

著者　岸由二（きし・ゆうじ）
装幀　クラフト・エヴィング商會
発行者　喜入冬子
発行所　株式会社筑摩書房
東京都台東区蔵前二－五－三　〒一一一－八七五五
電話番号　〇三－五六八七－二六〇一（代表）
印刷・製本　株式会社精興社

ISBN978-4-480-68907-8 C0225 Printed in Japan